수학 상위권 향상을 위한 문장제 해결력 완성

문제 해결의 길잡이

문제 해결의 길잡이 심화

수학 4학년

WRITERS

이재효
서울교육대학교 수학교육과, 한국교원대학교 대학원
수학 교과서, 수학 익힘책, 교사용 지도서 저자
교육과정 심의위원 역임
전 서울 문현초등학교 교장

김영기
서울교육대학교 수학교육과, 국민대학교 교육대학원
수학 교과서, 수학 익힘책, 교사용 지도서 저자
교육과정 심의위원 역임
전 서울 창동초등학교 교장

이용재
서울교육대학교 수학교육과, 한국교원대학교 대학원
수학 교과서, 수학 익힘책, 교사용 지도서 저자
교육과정 심의위원 역임
전 서울 영서초등학교 교감

COPYRIGHT

인쇄일 2024년 11월 25일(6판5쇄)
발행일 2022년 1월 3일

펴낸이 신광수
펴낸곳 (주)미래엔
등록번호 제16-67호

융합콘텐츠개발실장 황은주
개발책임 정은주 **개발** 나현미, 장혜승, 박새연, 박지민

디자인실장 손현지
디자인책임 김병석 **디자인** 디자인뷰

CS본부장 강윤구
제작책임 강승훈

ISBN 979-11-6841-044-2

이 책의 머리말

이솝 우화에 나오는 '여우와 신포도' 이야기를 떠올려 볼까요?
배가 고픈 여우가 포도를 따 먹으려고 하지만 손이 닿지 않았어요.
그러자 여우는 포도가 시고 맛없을 것이라고 말하며 포기하고 말았죠.

만약 여러분이라면 어떻게 했을까요?
여우처럼 그럴듯한 핑계를 대며 포기했을 수도 있고,
의자나 막대기를 이용해서 마침내 포도를 따서 먹었을 수도 있어요.

어려움 앞에서 포기하지 않고
어떻게든 이루어 보려는 마음, 그 마음이 바로 '도전'입니다.
수학 앞에서 머뭇거리지 말고 뛰어넘으려는 마음을 가져 보세요.

"문제 해결의 길잡이 심화"는
여러분의 도전이 빛날 수 있도록 길을 밝혀 줄 거예요.
도전하려는 마음이 생겼다면, 이제 출발해 볼까요?

전략 세움

해결 전략 수립으로 상위권 실력에 도전하기

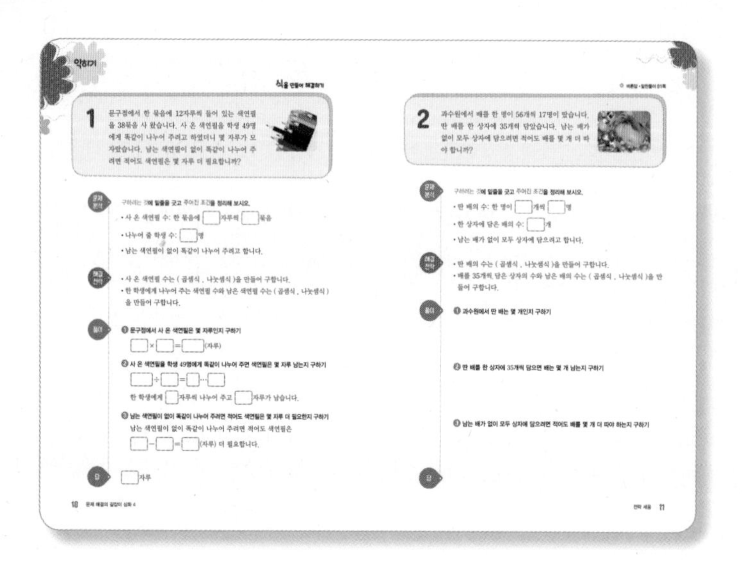

익히기

문제를 분석하고 해결 전략을 세운 후에 단계적으로 풀이합니다. 이 과정을 반복하여 집중 연습하면 스스로 해결하는 힘이 길러집니다.

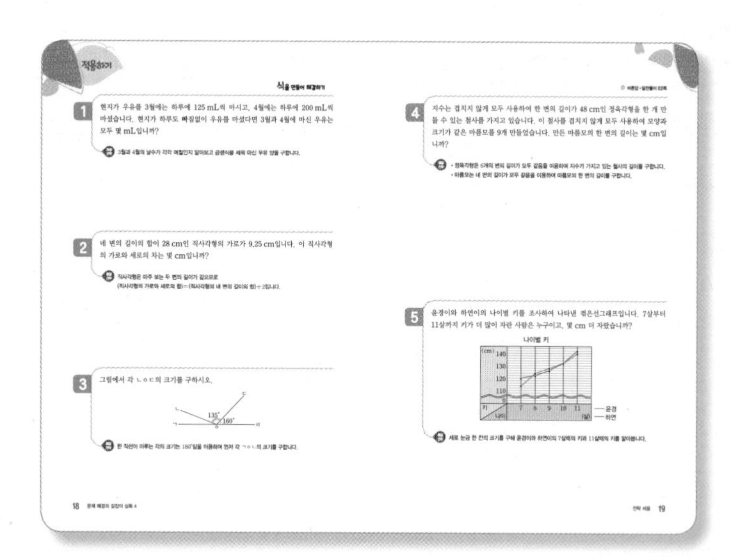

적용하기

스스로 문제를 분석한 후에 주어진 해결 전략을 참고하여 문제를 풀이합니다. 혼자서 해결 전략을 세울 수 있다면 바로 풀이해도 됩니다.

최고의 실력으로 이끌어 주는 문제 풀이 동영상

해결 전략을 세우는 데 어려움이 있다면? 풀이 과정에 궁금증이 생겼다면?
문제 풀이 동영상을 보면서 해결 전략 수립과 풀이 과정을 확인합니다!

전략 이룸

해결 전략 완성으로 문장제·서술형 고난도 유형 도전하기

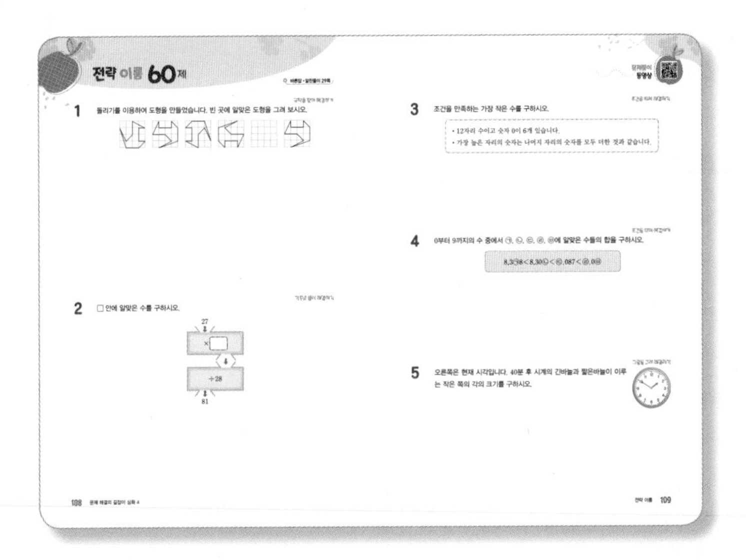

문제를 분석하여 스스로 해결 전략을 세우고 풀이하는 단계입니다. 이를 통해 고난도 유형을 풀어내는 향상된 실력을 확인합니다.

경시 대비 평가 [별책]

최고 수준 문제로 교내외 경시 대회 도전하기

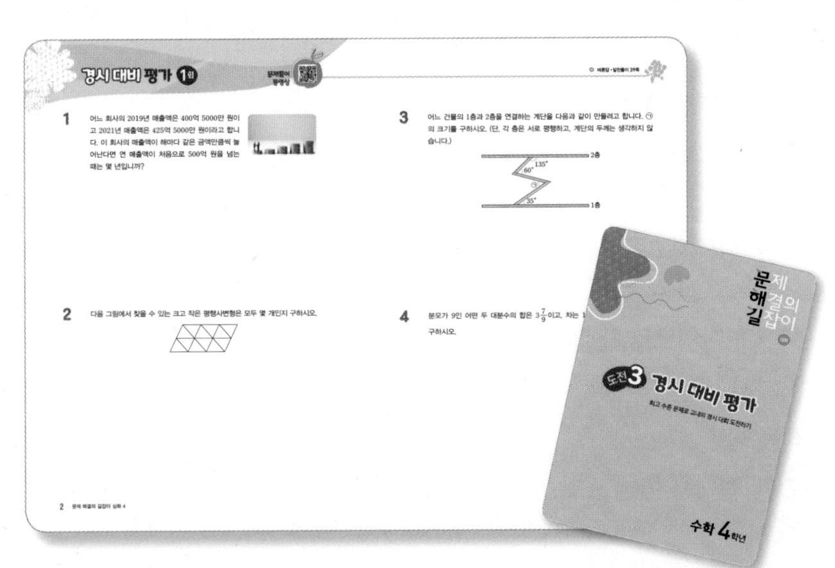

문해길 학습의 최종 단계입니다. 최고 수준 문제로 각종 경시 대회를 준비합니다.

이 책의 차례

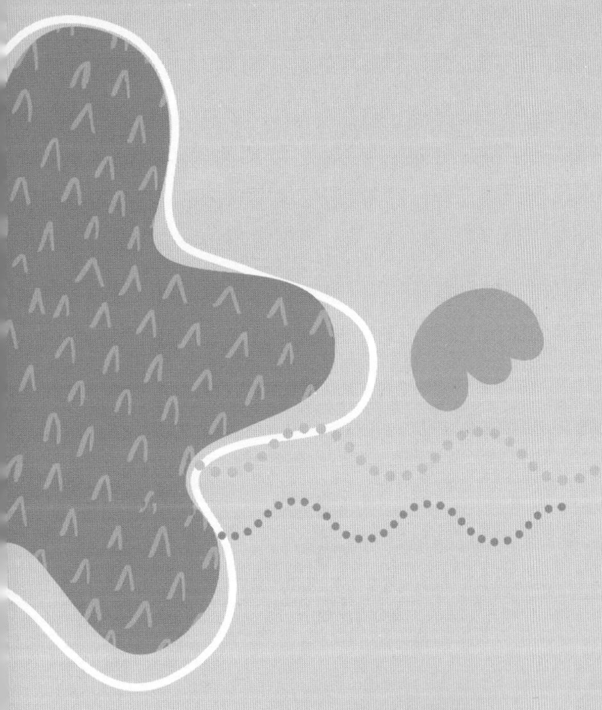

도전 1 전략 세움

해결 전략 수립으로 상위권 실력에 도전하기

나의 공부 계획

		쪽수	공부한 날	확인
식을 만들어 해결하기	익히기	10 ~ 11쪽	월 일	
		12 ~ 13쪽	월 일	
		14 ~ 15쪽	월 일	
		16 ~ 17쪽	월 일	
	적용하기	18 ~ 19쪽	월 일	
		20 ~ 21쪽	월 일	
그림을 그려 해결하기	익히기	24 ~ 25쪽	월 일	
		26 ~ 27쪽	월 일	
		28 ~ 29쪽	월 일	
	적용하기	30 ~ 31쪽	월 일	
		32 ~ 33쪽	월 일	
표를 만들어 해결하기	익히기	36 ~ 37쪽	월 일	
		38 ~ 39쪽	월 일	
		40 ~ 41쪽	월 일	
	적용하기	42 ~ 43쪽	월 일	
		44 ~ 45쪽	월 일	
거꾸로 풀어 해결하기	익히기	48 ~ 49쪽	월 일	
		50 ~ 51쪽	월 일	
		52 ~ 53쪽	월 일	
	적용하기	54 ~ 55쪽	월 일	
		56 ~ 57쪽	월 일	
규칙을 찾아 해결하기	익히기	60 ~ 61쪽	월 일	
		62 ~ 63쪽	월 일	
		64 ~ 65쪽	월 일	
	적용하기	66 ~ 67쪽	월 일	
		68 ~ 69쪽	월 일	
예상과 확인으로 해결하기	익히기	72 ~ 73쪽	월 일	
		74 ~ 75쪽	월 일	
	적용하기	76 ~ 77쪽	월 일	
		78 ~ 79쪽	월 일	
조건을 따져 해결하기	익히기	82 ~ 83쪽	월 일	
		84 ~ 85쪽	월 일	
		86 ~ 87쪽	월 일	
		88 ~ 89쪽	월 일	
	적용하기	90 ~ 91쪽	월 일	
		92 ~ 93쪽	월 일	
단순화하여 해결하기	익히기	96 ~ 97쪽	월 일	
		98 ~ 99쪽	월 일	
		100 ~ 101쪽	월 일	
	적용하기	102 ~ 103쪽	월 일	
		104 ~ 105쪽	월 일	

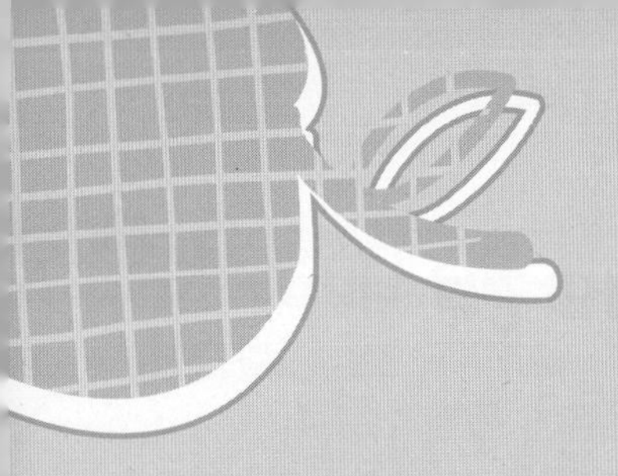

수학의 모든 문제는 8가지 해결 전략으로 통한다!

문·해·길 전략 세움으로 문제 해결력 상승!

1 식을 만들어 해결하기

문제에 주어진 상황과 조건을 수와 계산 기호로 나타내어 해결하는 전략

2 그림을 그려 해결하기

문제에 주어진 조건과 관계를 간단한 도형, 수직선 등으로 나타내어 해결하는 전략

3 표를 만들어 해결하기

문제에 제시된 수 사이의 대응 관계를 표로 나타내어 해결하는 전략

4 거꾸로 풀어 해결하기

문제 안에 조건에 대한 결과가 주어졌을 때 결과에서부터 거꾸로 생각하여 해결하는 전략

5 규칙을 찾아 해결하기

문제에 주어진 정보를 분석하여 그 안에 숨어 있는 규칙을 찾아 해결하는 전략

6 예상과 확인으로 해결하기

문제의 답을 미리 예상해 보고 그 답이 문제의 조건에 맞는지 확인하는 과정을 반복하여 해결하는 전략

7 조건을 따져 해결하기

문제에 주어진 조건을 따져가며 차례대로 실마리를 찾아 해결하는 전략

8 단순화하여 해결하기

문제에 제시된 상황이 복잡한 경우 이것을 간단한 상황으로 단순하게 나타내어 해결하는 전략

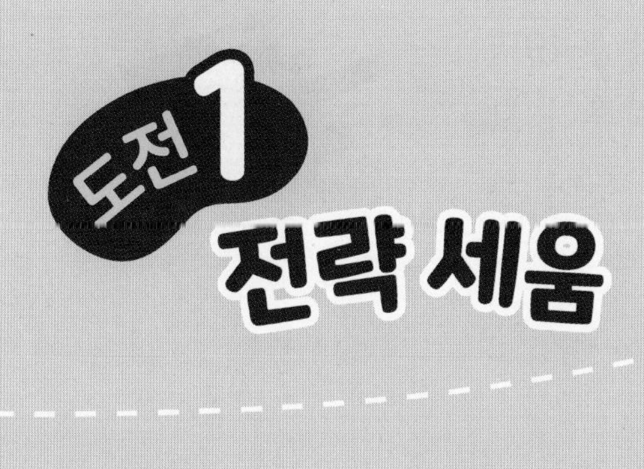

식을 만들어 해결하기

익히기

식을 만들어 해결하기

1

문구점에서 한 묶음에 12자루씩 들어 있는 색연필을 38묶음 사 왔습니다. 사 온 색연필을 학생 49명에게 똑같이 나누어 주려고 하였더니 몇 자루가 모자랐습니다. 남는 색연필이 없이 똑같이 나누어 주려면 적어도 색연필은 몇 자루 더 필요합니까?

문제 분석 구하려는 것에 밑줄을 긋고 주어진 조건을 정리해 보시오.

- 사 온 색연필 수: 한 묶음에 ☐자루씩 ☐묶음
- 나누어 줄 학생 수: ☐명
- 남는 색연필이 없이 똑같이 나누어 주려고 합니다.

해결 전략

- 사 온 색연필 수는 (곱셈식 , 나눗셈식)을 만들어 구합니다.
- 한 학생에게 나누어 주는 색연필 수와 남은 색연필 수는 (곱셈식 , 나눗셈식)을 만들어 구합니다.

풀이

① 문구점에서 사 온 색연필은 몇 자루인지 구하기

☐ × ☐ = ☐(자루)

② 사 온 색연필을 학생 49명에게 똑같이 나누어 주면 색연필은 몇 자루 남는지 구하기

☐ ÷ ☐ = ☐ ··· ☐

한 학생에게 ☐자루씩 나누어 주고 ☐자루가 남습니다.

③ 남는 색연필이 없이 똑같이 나누어 주려면 적어도 색연필은 몇 자루 더 필요한지 구하기

남는 색연필이 없이 똑같이 나누어 주려면 적어도 색연필은

☐ − ☐ = ☐(자루) 더 필요합니다.

답 ☐자루

바른답 • 알찬풀이 01쪽

2 과수원에서 배를 한 명이 56개씩 17명이 땄습니다. 딴 배를 한 상자에 35개씩 담았습니다. 남는 배가 없이 모두 상자에 담으려면 적어도 배를 몇 개 더 따야 합니까?

문제 분석

구하려는 것에 밑줄을 긋고 주어진 조건을 정리해 보시오.

- 딴 배의 수: 한 명이 ☐개씩 ☐명
- 한 상자에 담은 배의 수: ☐개
- 남는 배가 없이 모두 상자에 담으려고 합니다.

해결 전략

- 딴 배의 수는 (곱셈식 , 나눗셈식)을 만들어 구합니다.
- 배를 35개씩 담은 상자의 수와 남은 배의 수는 (곱셈식 , 나눗셈식)을 만들어 구합니다.

풀이

① 과수원에서 딴 배는 몇 개인지 구하기

② 딴 배를 한 상자에 35개씩 담으면 배는 몇 개 남는지 구하기

③ 남는 배가 없이 모두 상자에 담으려면 적어도 배를 몇 개 더 따야 하는지 구하기

답

익히기

식을 만들어 해결하기

3 집에서 도서관을 지나 학교까지 가는 거리와 집에서 병원을 지나 학교까지 가는 거리 중 어느 곳을 지나는 것이 몇 km 더 먼지 구하시오.

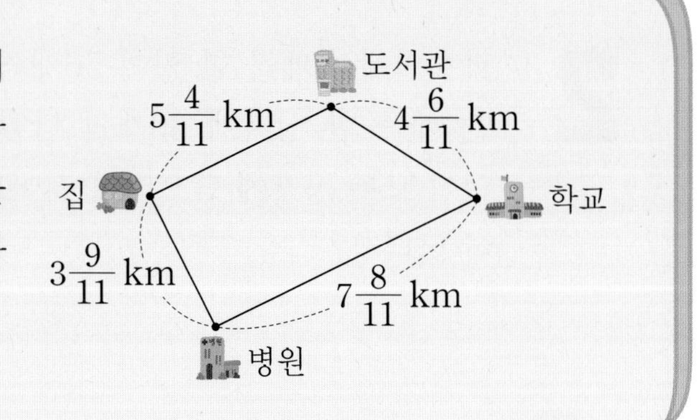

문제 분석 구하려는 것에 밑줄을 긋고 주어진 조건을 정리해 보시오.

- 집~도서관의 거리: $5\frac{4}{11}$ km
- 도서관~학교의 거리: $4\frac{6}{11}$ km
- 집~병원의 거리: ☐ km
- 병원~학교의 거리: ☐ km

해결 전략

- 집에서 도서관을 지나 학교까지 가는 거리와 집에서 병원을 지나 학교까지 가는 거리는 각각 (덧셈식 , 뺄셈식)을 만들어 구합니다.
- (덧셈식 , 뺄셈식)을 만들어 도서관과 병원 중 어느 곳을 지나는 것이 몇 km 더 먼지 구합니다.

풀이

① **집에서 도서관을 지나 학교까지 가는 거리는 몇 km인지 구하기**

(집~도서관의 거리)+(도서관~학교의 거리)

$=5\frac{4}{11}+$ ☐ $=$ ☐ (km)

② **집에서 병원을 지나 학교까지 가는 거리는 몇 km인지 구하기**

(집~병원의 거리)+(병원~학교의 거리)

$=$ ☐ $+$ ☐ $=$ ☐ (km)

③ **도서관과 병원 중 어느 곳을 지나는 것이 몇 km 더 먼지 구하기**

☐ $>$ ☐ 이므로 집에서 (도서관 , 병원)을 지나 학교까지 가는

거리가 ☐ $-$ ☐ $=$ ☐ (km) 더 멉니다.

답 ☐, ☐ km

4

동물원의 관람 안내도입니다. 매표소에서 호랑이관으로 갈 때 원숭이관과 코끼리관 중 어느 곳을 지나는 것이 몇 km 더 가까운지 구하시오.

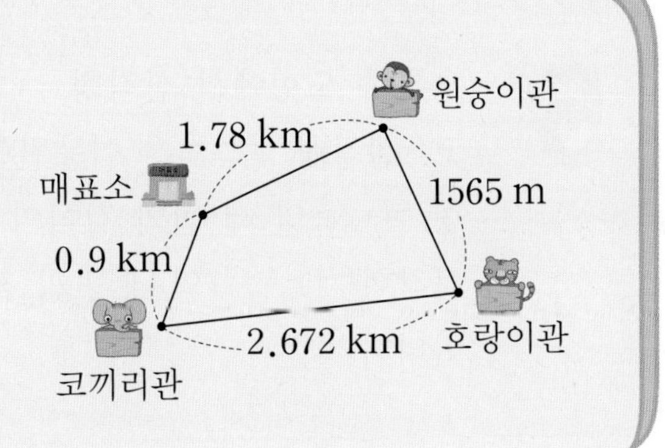

문제 분석 구하려는 것에 밑줄을 긋고 주어진 조건을 정리해 보시오.

- 매표소~원숭이관의 거리: 1.78 km
- 원숭이관~호랑이관의 거리: ☐ m
- 매표소~코끼리관의 거리: ☐ km
- 코끼리관~호랑이관의 거리: ☐ km

해결 전략

- 1000 m=☐ km임을 이용하여 단위를 통일합니다.
- 매표소에서 호랑이관으로 갈 때 원숭이관을 지날 때와 코끼리관을 지날 때의 거리를 각각 (덧셈식 , 뺄셈식)을 만들어 구합니다.
- (덧셈식 , 뺄셈식)을 만들어 원숭이관과 코끼리관 중 어느 곳을 지나는 것이 몇 km 더 가까운지 구합니다.

풀이

① 매표소에서 원숭이관을 지나 호랑이관까지 가는 거리는 몇 km인지 구하기

② 매표소에서 코끼리관을 지나 호랑이관까지 가는 거리는 몇 km인지 구하기

③ 원숭이관과 코끼리관 중 어느 곳을 지나는 것이 몇 km 더 가까운지 구하기

답

식을 만들어 해결하기

5

오른쪽 도형에서 삼각형 ㄱㄴㄹ은 정삼각형이고, 삼각형 ㄴㄷㄹ은 이등변삼각형입니다. 삼각형 ㄱㄴㄹ의 세 변의 길이의 합이 51 cm일 때 사각형 ㄱㄴㄷㄹ의 네 변의 길이의 합은 몇 cm입니까?

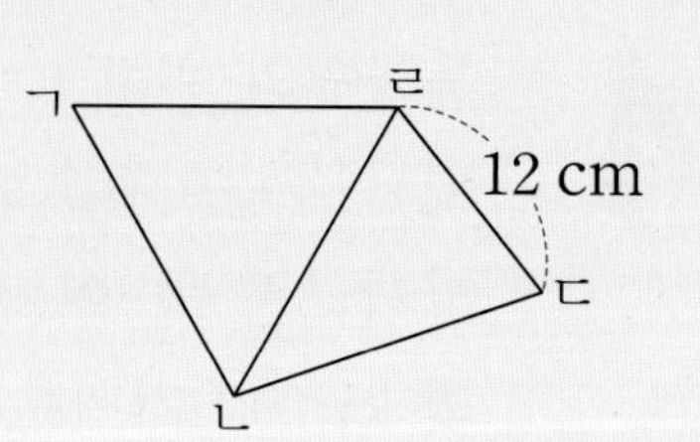

문제 분석

구하려는 것에 밑줄을 긋고 주어진 조건을 정리해 보시오.

- 삼각형 ㄱㄴㄹ: 정삼각형
- 삼각형 ㄴㄷㄹ: 이등변삼각형
- 삼각형 ㄱㄴㄹ의 세 변의 길이의 합: ☐ cm
- 변 ㄷㄹ의 길이: ☐ cm

해결 전략

- 정삼각형은 (두 , 세) 변의 길이가 모두 같음을 이용하여 정삼각형 ㄱㄴㄹ의 한 변의 길이를 구합니다.
- 이등변삼각형은 (두 , 세) 변의 길이가 같음을 이용하여 변 ㄴㄷ의 길이를 구합니다.

풀이

❶ 정삼각형 ㄱㄴㄹ의 한 변의 길이는 몇 cm인지 구하기

삼각형 ㄱㄴㄹ의 세 변의 길이의 합이 ☐ cm이므로

(정삼각형 ㄱㄴㄹ의 한 변의 길이)=☐÷☐=☐(cm)입니다.

➡ (변 ㄱㄴ의 길이)=(변 ㄴㄹ의 길이)=(변 ☐의 길이)=☐ cm

❷ 변 ㄴㄷ의 길이는 몇 cm인지 구하기

삼각형 ㄴㄷㄹ은 이등변삼각형이므로

(변 ㄴㄷ의 길이)=(변 ☐의 길이)=☐ cm입니다.

❸ 사각형 ㄱㄴㄷㄹ의 네 변의 길이의 합은 몇 cm인지 구하기

(변 ㄱㄴ의 길이)+(변 ㄴㄷ의 길이)+(변 ㄷㄹ의 길이)+(변 ㄱㄹ의 길이)

=☐+☐+☐+☐=☐ (cm)

답 ☐ cm

바른답 • 알찬풀이 01쪽

6

오른쪽은 평행사변형 ㄱㄴㄷㅂ과 마름모 ㅂㄷㄹㅁ을 겹치지 않게 이어 붙여 만든 도형입니다. 마름모 ㅂㄷㄹㅁ의 네 변의 길이의 합이 36 cm일 때 굵은 선의 길이는 몇 cm입니까?

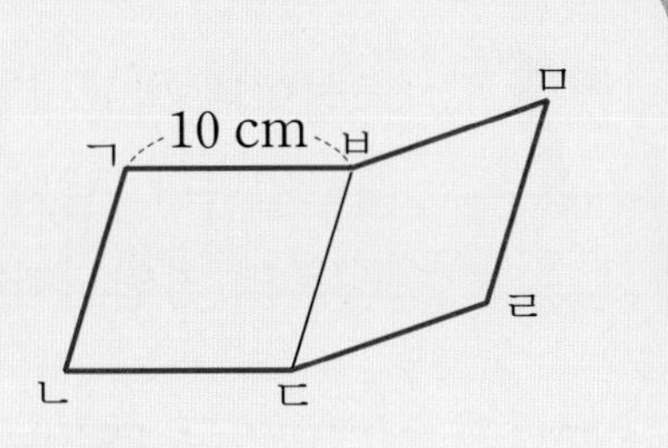

문제 분석

구하려는 것에 밑줄을 긋고 주어진 조건을 정리해 보시오.

- 사각형 ㄱㄴㄷㅂ: 평행사변형
- 사각형 ㅂㄷㄹㅁ: 마름모
- 마름모 ㅂㄷㄹㅁ의 네 변의 길이의 합: ☐ cm
- 변 ㄱㅂ의 길이: ☐ cm

해결 전략

- 마름모는 (두 , 네) 변의 길이가 모두 같음을 이용하여 마름모 ㅂㄷㄹㅁ의 한 변의 길이를 구합니다.
- 평행사변형은 마주 보는 (두 , 네) 변의 길이가 같음을 이용하여 변 ㄱㄴ, 변 ㄴㄷ의 길이를 각각 구합니다.

풀이

① 마름모 ㅂㄷㄹㅁ의 한 변의 길이는 몇 cm인지 구하기

② 변 ㄱㄴ, 변 ㄴㄷ의 길이는 각각 몇 cm인지 구하기

③ 굵은 선의 길이는 몇 cm인지 구하기

답

7 호선이네 학교 4학년 학생들이 좋아하는 취미를 조사하여 나타낸 막대그래프입니다. 남학생과 여학생 수의 차가 가장 큰 취미를 좋아하는 학생은 모두 몇 명입니까?

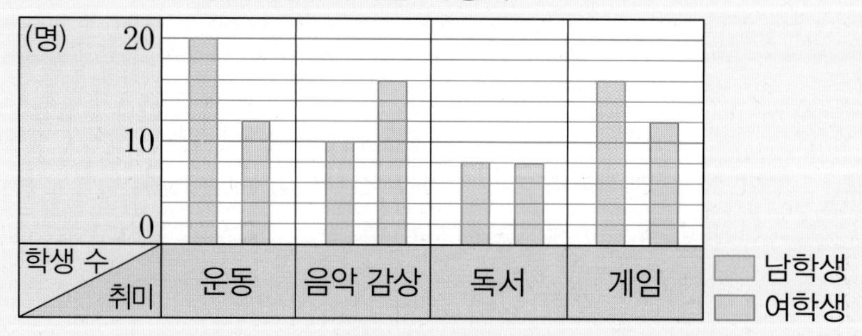

문제 분석 구하려는 것에 밑줄을 긋고 주어진 조건을 정리해 보시오.

4학년 학생들이 좋아하는 취미를 조사하여 나타낸 막대그래프

해결 전략 취미별로 남학생과 여학생 수를 나타내는 막대의 (가로 , 세로) 눈금 칸 수의 차를 구하여 남학생과 여학생 수의 차가 가장 큰 취미를 찾아봅니다.

풀이

❶ 남학생과 여학생 수의 차가 가장 큰 취미 알아보기

취미별로 남학생과 여학생 수를 나타내는 막대의 세로 눈금 칸 수의 차는

운동: ☐칸 음악 감상: ☐칸 독서: ☐칸 게임: ☐칸

➡ 남학생과 여학생 수의 차가 가장 큰 취미는 (운동 , 음악 감상 , 독서 , 게임)입니다.

❷ 남학생과 여학생 수의 차가 가장 큰 취미를 좋아하는 학생은 모두 몇 명인지 구하기

세로 눈금 한 칸은 10÷☐=☐(명)을 나타내므로

운동을 좋아하는 남학생은 ☐×☐=☐(명),

여학생은 ☐×☐=☐(명)입니다.

➡ (운동을 좋아하는 학생 수)=☐+☐=☐(명)

답 ☐명

바른답 • 알찬풀이 02쪽

8

월별 수학 시험에서 지윤이가 맞힌 4점짜리 문제와 6점짜리 문제 수를 조사하여 나타낸 꺾은선그래프입니다. 맞힌 4점짜리 문제와 6점짜리 문제 수의 차가 가장 큰 달의 수학 시험 점수는 몇 점입니까?

월별로 맞힌 4점짜리 문제와 6점짜리 문제 수

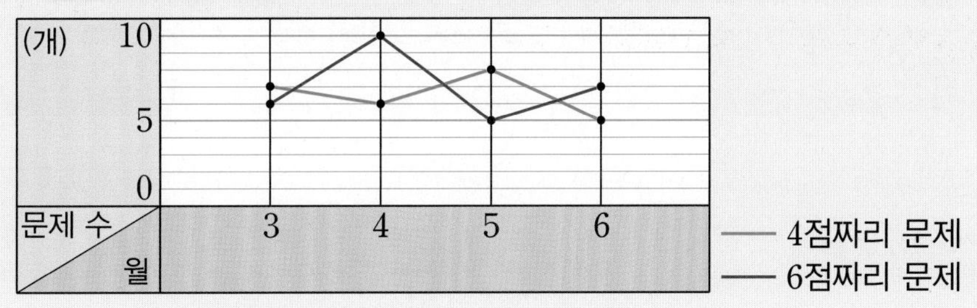

문제 분석

구하려는 것에 밑줄을 긋고 주어진 조건을 정리해 보시오.

월별 수학 시험에서 맞힌 4점짜리 문제와 6점짜리 문제 수를 조사하여 나타낸 꺾은선그래프

해결 전략

월별로 맞힌 4점짜리 문제와 6점짜리 문제 수를 나타내는 두 꺾은선 사이의 (가로 , 세로) 눈금 칸 수를 구하여 맞힌 4점짜리 문제와 6점짜리 문제 수의 차가 가장 큰 달을 찾아봅니다.

풀이

❶ 맞힌 4점짜리 문제와 6점짜리 문제 수의 차가 가장 큰 달 알아보기

❷ 맞힌 4점짜리 문제와 6점짜리 문제 수의 차가 가장 큰 달의 수학 시험 점수는 몇 점인지 구하기

답

적용하기

식을 만들어 해결하기

1 현지가 우유를 3월에는 하루에 125 mL씩 마시고, 4월에는 하루에 200 mL씩 마셨습니다. 현지가 하루도 빠짐없이 우유를 마셨다면 3월과 4월에 마신 우유는 모두 몇 mL입니까?

해결 전략 3월과 4월의 날수가 각각 며칠인지 알아보고 곱셈식을 세워 마신 우유 양을 구합니다.

2 네 변의 길이의 합이 28 cm인 직사각형의 가로가 9.25 cm입니다. 이 직사각형의 가로와 세로의 차는 몇 cm입니까?

해결 전략 직사각형은 마주 보는 두 변의 길이가 같으므로
(직사각형의 가로와 세로의 합)=(직사각형의 네 변의 길이의 합)÷2입니다.

3 그림에서 각 ㄴㅇㄷ의 크기를 구하시오.

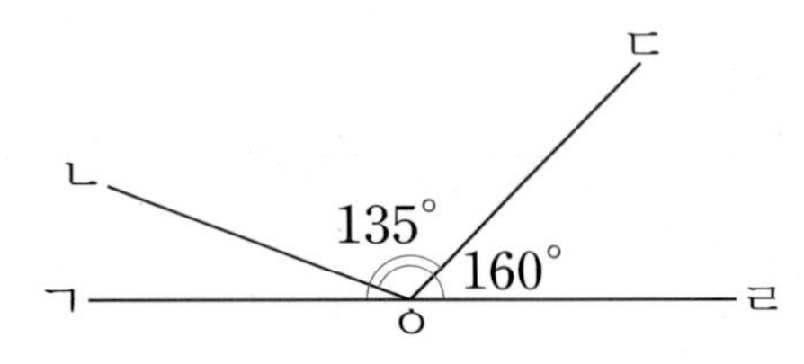

해결 전략 한 직선이 이루는 각의 크기는 180°임을 이용하여 먼저 각 ㄱㅇㄴ의 크기를 구합니다.

바른답 • 알찬풀이 02쪽

4 지수는 겹치지 않게 모두 사용하여 한 변의 길이가 48 cm인 정육각형을 한 개 만들 수 있는 철사를 가지고 있습니다. 이 철사를 겹치지 않게 모두 사용하여 모양과 크기가 같은 마름모를 9개 만들었습니다. 만든 마름모의 한 변의 길이는 몇 cm입니까?

- 정육각형은 6개의 변의 길이가 모두 같음을 이용하여 지수가 가지고 있는 철사의 길이를 구합니다.
- 마름모는 네 변의 길이가 모두 같음을 이용하여 마름모의 한 변의 길이를 구합니다.

5 윤경이와 하연이의 나이별 키를 조사하여 나타낸 꺾은선그래프입니다. 7살부터 11살까지 키가 더 많이 자란 사람은 누구이고, 몇 cm 더 자랐습니까?

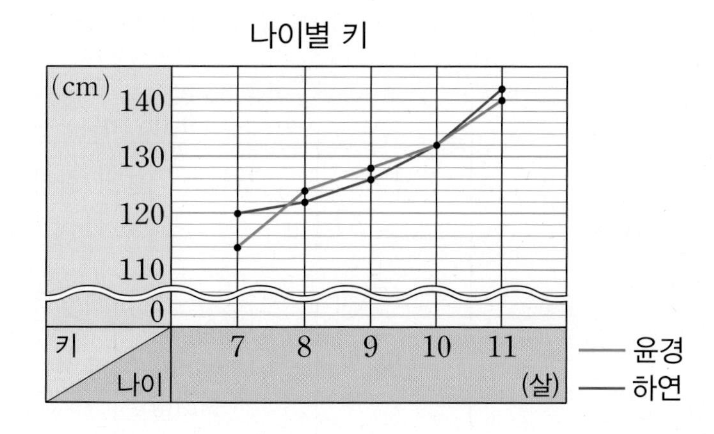

해결 전략 세로 눈금 한 칸의 크기를 구해 윤경이와 하연이의 7살때의 키와 11살때의 키를 알아봅니다.

6 한 상자에 112개씩 들어 있는 구슬 10상자를 10000원에 사 왔습니다. 사 온 구슬을 모두 사용하여 팔찌를 만들었습니다. 팔찌 한 개를 만드는 데 사용한 구슬은 40개입니다. 팔찌 한 개를 550원에 팔았다면 팔찌를 모두 팔아 남긴 이익은 얼마입니까?

해결 전략 곱셈식을 이용해 사 온 구슬 수를 구한 후 나눗셈식을 이용해 만든 팔찌 수를 구합니다.

7 평면도는 건물이나 물체를 바로 위에서 내려다본 모습을 그린 그림입니다. 다음은 유진이네 집의 평면도입니다. 거실에 커튼을 달기 위해 유리창의 가로 길이를 알아보려고 합니다. 평면도에 표시된 거실 유리창의 가로 길이는 몇 m입니까?

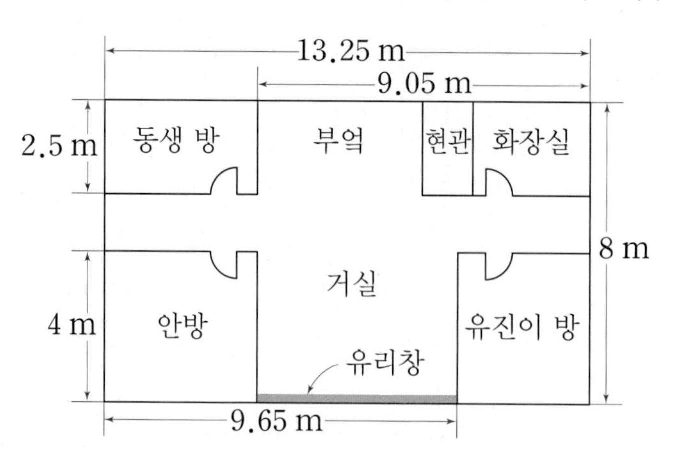

해결 전략 평면도를 보고 안방의 가로 길이를 구한 후 유리창의 가로 길이를 구합니다.

바른답 • 알찬풀이 03쪽

8 오른쪽 도형에서 삼각형 ㄱㄷㄹ은 이등변삼각형입니다. 각 ㄱㄹㄷ의 크기를 구하시오.

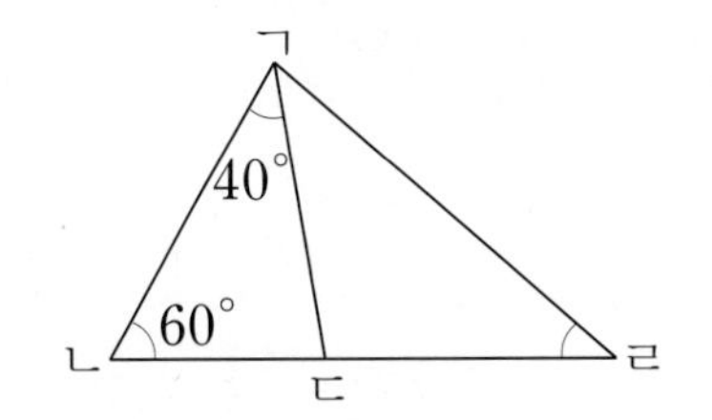

해결 전략
- 식을 만들어 각 ㄱㄷㄴ의 크기를 구한 후 각 ㄱㄹㄷ의 크기를 구합니다.
- 이등변삼각형은 길이가 같은 두 변과 함께 하는 두 각의 크기가 같습니다.

9 하루에 $5\frac{3}{4}$분씩 늦어지는 시계가 있습니다. 이 시계를 월요일 오후 2시에 10분 빠르게 맞춰 놓았다면 그 주 금요일 오후 2시에 시계가 가리키는 시각은 오후 몇 시 몇 분입니까?

해결 전략 월요일부터 금요일까지 며칠이 지났는지 알아본 후 시계가 모두 몇 분이 늦어지는지 구합니다.

10 오른쪽 도형에서 삼각형 ㄱㄴㄷ과 삼각형 ㅁㄷㄹ은 이등변삼각형이고, 삼각형 ㄱㄷㅁ은 정삼각형입니다. 삼각형 ㄱㄴㄷ과 삼각형 ㅁㄷㄹ의 세 변의 길이의 합이 각각 41 cm로 같을 때 변 ㄹㅁ의 길이는 몇 cm입니까?

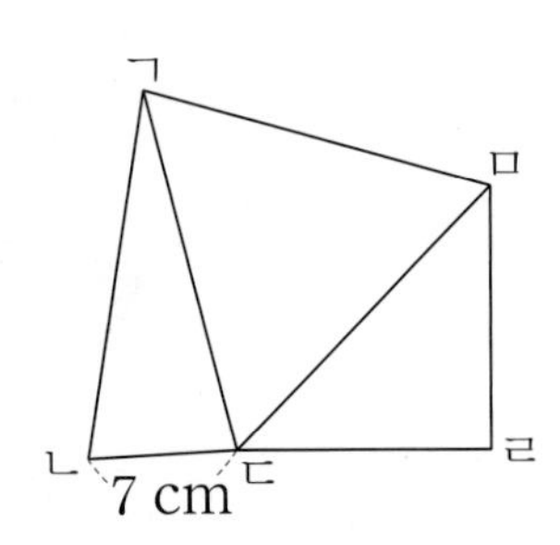

해결 전략 이등변삼각형은 두 변의 길이가 같고 정삼각형은 세 변의 길이가 모두 같음을 이용하여 각 변의 길이를 구합니다.

도전, 창의사고력

보기는 월 사용량이 358 kWh일 때 전기요금을 계산한 것입니다.

주택용 저압 전기요금표

단계	기본요금(원/호)		전력량요금(원/kWh)	
1	200 kWh와 같거나 적게 사용	910	처음 200 kWh까지	88.3
2	201~400 kWh 사용	1600	다음 200 kWh까지	182.9
3	400 kWh보다 많이 사용	7300	400 kWh보다 많이 사용	275.6

[2021.1.1. 현재 한국전력공사 전기 요금 안내]

보기

<월 사용량이 358 kWh일 때 전기요금 계산 방법>

기본요금: 1600원

처음 200 kWh까지의 전력량요금: $200 \times 88 = 17600$(원)

남은 158 kWh의 전력량요금: $158 \times 182 = 28756$(원)

➡ (전기요금)$=1600+17600+28756=47956$(원)

한 달 동안 성우네는 전기를 426 kWh 사용했습니다. 성우네의 이번 달 전기요금은 얼마인지 구하시오. (단, 소수점 아래 수는 계산에 포함하지 않습니다.)

아! (전기요금)＝(기본요금)＋(전력량요금)이구나!

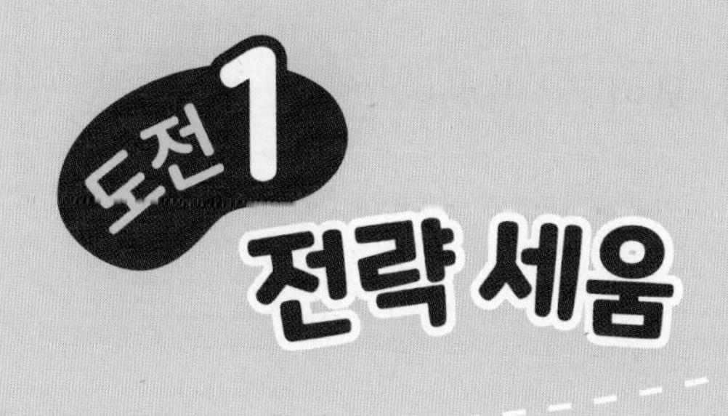

그림을 그려 해결하기

익히기

그림을 그려 해결하기

1

길이가 각각 $2\frac{3}{7}$ m, $3\frac{2}{7}$ m인 색 테이프 2장을 $\frac{4}{7}$ m만큼 겹쳐서 이어 붙였습니다. 이어 붙인 색 테이프의 전체 길이는 몇 m입니까?

문제 분석 구하려는 것에 밑줄을 긋고 주어진 조건을 정리해 보시오.

- 색 테이프 2장의 길이: ☐ m, ☐ m
- 겹쳐진 부분의 길이: ☐ m

해결 전략

- 색 테이프 2장을 겹쳐서 이어 붙인 그림을 나타내 봅니다.
- 색 테이프 2장의 길이의 (합 , 차)에서 겹쳐진 부분의 길이를 (더해서 , 빼서) 이어 붙인 색 테이프의 전체 길이를 구합니다.

풀이

① 이어 붙인 색 테이프 2장을 그림으로 나타내기

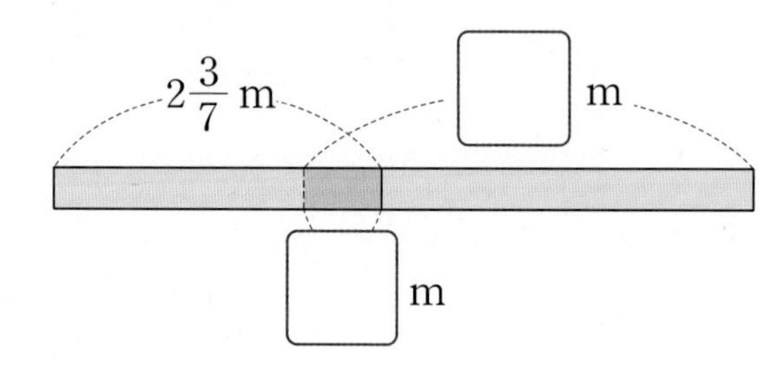

② 이어 붙인 색 테이프의 전체 길이는 몇 m인지 구하기

(색 테이프 2장의 길이의 합)=☐+☐=☐ (m)

➡ (이어 붙인 색 테이프의 전체 길이)

=(색 테이프 2장의 길이의 합)−(겹쳐진 부분의 길이)

=☐−☐=☐ (m)

답 ☐ m

바른답 • 알찬풀이 04쪽

2 등산로의 매표소에서 정상까지의 거리는 $9\frac{3}{8}$ km입니다. 매표소에서 대피소까지의 거리는 $6\frac{7}{8}$ km, 약수터에서 정상까지의 거리는 $5\frac{1}{8}$ km입니다. 약수터에서 대피소까지의 거리는 몇 km입니까?

문제 분석 구하려는 것에 밑줄을 긋고 주어진 조건을 정리해 보시오.

- 매표소에서 정상까지의 거리: $9\frac{3}{8}$ km
- 매표소에서 대피소까지의 거리: ☐ km
- 약수터에서 정상까지의 거리: ☐ km

해결 전략

- 매표소, 약수터, 대피소, 정상 사이의 거리를 그림으로 나타내 봅니다.
- 매표소에서 대피소까지의 거리와 약수터에서 정상까지의 거리의 (합 , 차)에서 매표소에서 정상까지의 거리를 (더해서 , 빼서) 약수터에서 대피소까지의 거리를 구합니다.

풀이

❶ **매표소와 약수터, 대피소, 정상 사이의 거리를 그림으로 나타내기**

❷ **약수터에서 대피소까지의 거리는 몇 km인지 구하기**

답

그림을 그려 해결하기

3 도형을 오른쪽으로 5번 뒤집고 시계 방향으로 90°만큼 3번 돌렸을 때의 도형을 그려 보시오.

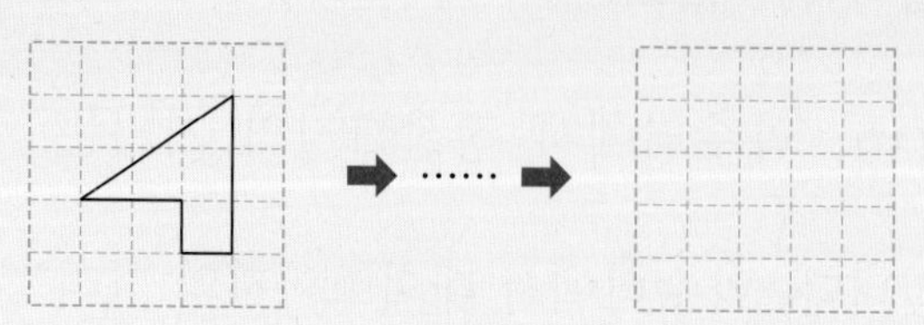

문제 분석

구하려는 것에 밑줄을 긋고 주어진 조건을 정리해 보시오.

- 왼쪽 모눈종이의 도형
- 이동 순서: 오른쪽으로 ☐번 (뒤집기 , 돌리기)

➡ 시계 방향으로 90°만큼 ☐번 (뒤집기 , 돌리기)

해결 전략

주어진 도형을 이동 순서에 따라 뒤집고 돌렸을 때의 도형을 차례로 그려 봅니다.

풀이

❶ 도형을 오른쪽으로 5번 뒤집었을 때의 도형 그리기

도형을 오른쪽으로 2번 뒤집으면 처음 도형과 (같습니다 , 다릅니다).

오른쪽으로 5번 뒤집으면 오른쪽으로 ☐번 뒤집은 도형과 같습니다.

❷ ❶에서 그린 도형을 시계 방향으로 90°만큼 3번 돌렸을 때의 도형 그리기

시계 방향으로 90°만큼 3번 돌린 도형은 시계 반대 방향으로 ☐°만큼 돌린 도형과 같습니다.

❶에서 그린 도형을 시계 반대 방향으로 ☐°만큼 돌린 도형을 그립니다.

답

바른답 • 알찬풀이 05쪽

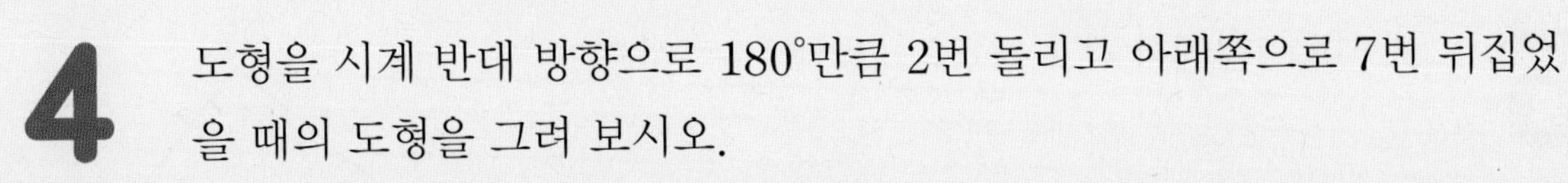

4

도형을 시계 반대 방향으로 180°만큼 2번 돌리고 아래쪽으로 7번 뒤집었을 때의 도형을 그려 보시오.

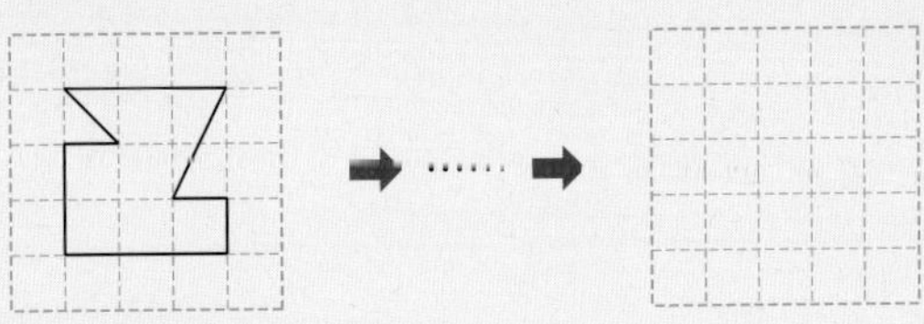

문제 분석

구하려는 것에 밑줄을 긋고 주어진 조건을 정리해 보시오.

- 왼쪽 모눈종이의 도형
- 이동 순서: 시계 반대 방향으로 180°만큼 ☐번 (돌리기 , 뒤집기)

➡ 아래쪽으로 ☐번 (돌리기 , 뒤집기)

해결 전략

주어진 도형을 이동 순서에 따라 돌리고 뒤집었을 때의 도형을 차례로 그려 봅니다.

풀이

❶ 도형을 시계 반대 방향으로 180°만큼 2번 돌렸을 때의 도형 그리기

❷ ❶에서 그린 도형을 아래쪽으로 7번 뒤집었을 때의 도형 그리기

답

그림을 그려 해결하기

5

오른쪽 도형에서 각 ㄴㄹㄷ의 크기를 구하시오.

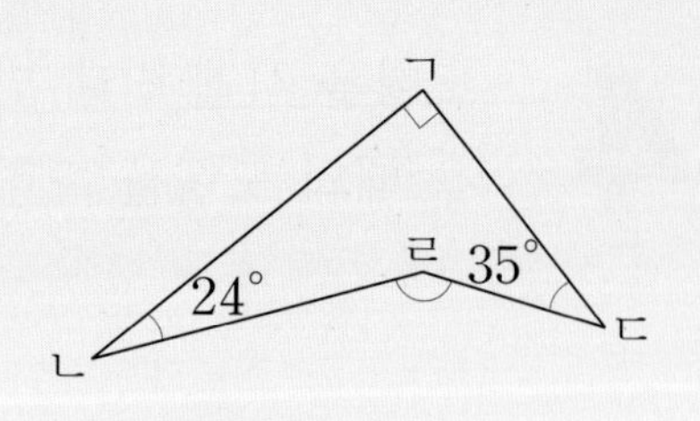

문제 분석

구하려는 것에 밑줄을 긋고 주어진 조건을 정리해 보시오.

각 ㄴㄱㄷ의 크기: 90°, 각 ㄱㄴㄹ의 크기: ☐°, 각 ㄱㄷㄹ의 크기: ☐°

해결 전략

- 삼각형이 되도록 주어진 도형에 선을 긋습니다.
- 삼각형의 세 각의 크기의 합은 ☐°임을 이용하여 각 ㄴㄹㄷ의 크기를 구합니다.

풀이

① 도형에 선을 그어 삼각형 만들기

점 ㄴ과 점 ☐을 선으로 이어 삼각형 ㄱㄴㄷ과 삼각형 ☐을 만듭니다.

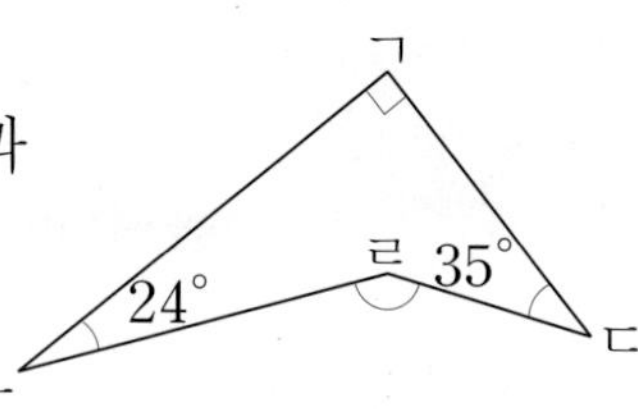

② 각 ㄹㄴㄷ과 각 ㄹㄷㄴ의 크기의 합은 몇 도인지 구하기

삼각형 ㄱㄴㄷ의 세 각의 크기의 합은 ☐°이고

(각 ㄴㄱㄷ의 크기)=☐°이므로

(각 ㄱㄴㄷ의 크기)+(각 ㄱㄷㄴ의 크기)=180°−☐°=☐°입니다.

(각 ㄱㄴㄹ의 크기)=24°, (각 ㄱㄷㄹ의 크기)=☐°이므로

(각 ㄹㄴㄷ의 크기)+(각 ㄹㄷㄴ의 크기)=90°−24°−☐°=☐°

③ 각 ㄴㄹㄷ의 크기는 몇 도인지 구하기

삼각형 ㄹㄴㄷ의 세 각의 크기의 합은 ☐°이므로

(각 ㄴㄹㄷ의 크기)=180°−☐°=☐°입니다.

답

바른답 • 알찬풀이 05쪽

6

오른쪽 도형에서 각 ㄴㄱㄷ의 크기를 구하시오.

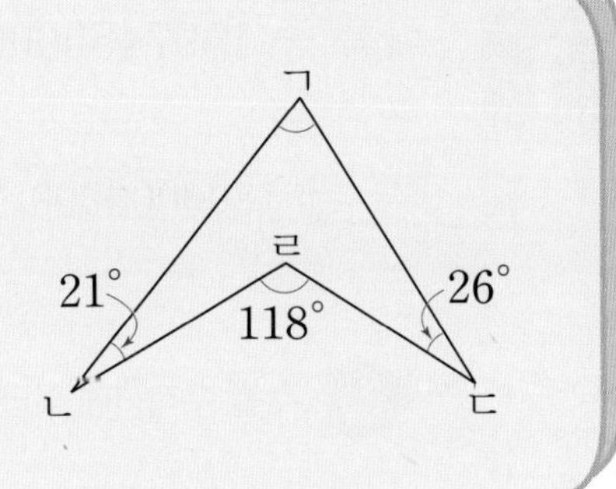

문제 분석

구하려는 것에 밑줄을 긋고 주어진 조건을 정리해 보시오.

각 ㄱㄴㄹ의 크기: 21°, 각 ㄴㄹㄷ의 크기: □°, 각 ㄱㄷㄹ의 크기: □°

해결 전략

- 삼각형이 되도록 주어진 도형에 선을 긋습니다.
- 삼각형의 세 각의 크기의 합은 □°임을 이용하여 각 ㄴㄱㄷ의 크기를 구합니다.

풀이

1 도형에 선을 그어 삼각형을 만들기

2 각 ㄹㄴㄷ과 각 ㄹㄷㄴ의 크기의 합은 몇 도인지 구하기

3 각 ㄴㄱㄷ의 크기는 몇 도인지 구하기

답

적용하기

그림을 그려 해결하기

1 다음 중 1597450000과의 차가 가장 큰 수의 기호를 쓰시오.

㉠ 1800000000 ㉡ 1200000000 ㉢ 1974530000 ㉣ 1096350000

수를 수직선에 나타내었을 때 두 수의 차가 클수록 두 수 사이의 거리가 멀어집니다.

2 직각삼각형으로 직사각형을 겹치지 않게 빈틈없이 채우려고 합니다. 직사각형을 채우는 데 필요한 직각삼각형은 모두 몇 개입니까?

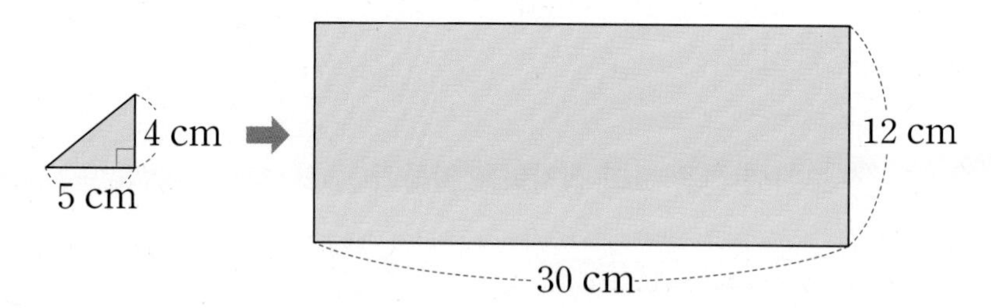

해결 전략 직사각형에 직각삼각형을 가로로 몇 개, 세로로 몇 개 채울 수 있는지 그려 봅니다.

3 가로는 $4\frac{3}{9}$ cm이고 세로는 가로보다 $\frac{5}{9}$ cm 더 짧은 직사각형 모양의 색종이가 2장 있습니다. 색종이 2장의 세로 부분을 겹치지 않게 이어 붙여서 새로운 직사각형을 만들었습니다. 새로 만든 직사각형의 네 변의 길이의 합은 몇 cm입니까?

해결 전략 (색종이의 세로)=(색종이의 가로)$-\frac{5}{9}$를 구하여 새로 만든 직사각형의 네 변의 길이의 합을 구합니다.

4

축구는 전반전 45분, 휴식 시간 15분, 후반전 45분입니다. 축구가 6시 15분에 시작하였다면 축구가 끝났을 때 시계의 긴바늘과 짧은바늘이 이루는 작은 쪽의 각의 크기를 구하시오. (단, 전·후반전, 휴식 시간 이외의 시간은 생각하지 않습니다.)

- 축구가 끝난 시각을 구하여 시계에 시곗바늘을 그려 봅니다.
- 시곗바늘이 한 바퀴 돌면 360°임을 이용하여 큰 눈금 한 칸의 각도를 구합니다.

5

도형을 시계 방향으로 90°만큼 6번 돌리고 왼쪽으로 11번 뒤집었을 때의 도형을 그려 보시오.

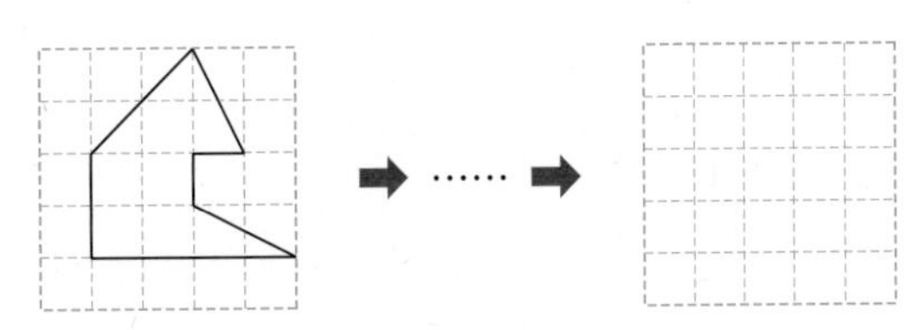

- 도형을 시계 방향으로 360°만큼 돌렸을 때의 도형은 처음 도형과 같습니다.
- 도형을 같은 방향으로 2번, 4번, 6번……뒤집었을 때의 도형은 처음 도형과 같습니다.

그림을 그려 해결하기

6 빈 접시에 무게가 같은 추 4개를 올려 놓고 무게를 재었더니 $2\frac{7}{8}$ kg이었습니다. 추 1개를 더 올려 놓고 다시 무게를 재었더니 $3\frac{4}{8}$ kg이었습니다. 접시만의 무게는 몇 kg입니까?

해결 전략 접시에 추를 올려 놓고 무게를 잰 것을 그림으로 나타내어 추 1개의 무게를 구합니다.

7 직선 가와 나는 서로 평행합니다. ㉠의 각도를 구하시오.

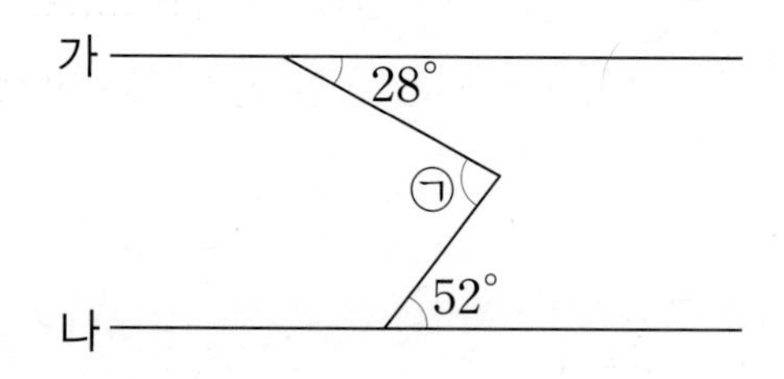

해결 전략 평행선 사이에 수선을 그어 만든 사각형에서 평행선과 수선이 만나는 각의 크기를 구합니다.

8 길이가 2.23 m인 색 테이프 4장을 일정하게 겹쳐서 한 줄로 이어 붙였더니 전체 길이가 7.87 m가 되었습니다. 색 테이프를 몇 m씩 겹쳐서 이어 붙였습니까?

해결 전략 색 테이프 4장을 겹쳐서 한 줄로 이어 붙인 그림을 그려 봅니다.

9

어느 사각형의 네 각의 크기는 ㉮, ㉯, ㉰, ㉱입니다. ㉯는 ㉮보다 15° 크고, ㉰는 ㉯보다 25° 크고, ㉱는 ㉰보다 5° 큽니다. ㉮, ㉯, ㉰, ㉱의 각도를 각각 구하시오.

해결 전략 네 각의 크기 사이의 관계를 그림으로 나타낸 후 사각형의 네 각의 크기의 합은 360°임을 이용하여 각도를 구합니다.

10

오른쪽 그림은 정육각형의 각 꼭짓점과 정육각형의 가운데를 점(•)으로 나타낸 그림입니다. 점 7개 중에서 세 점을 연결하여 만들 수 있는 정삼각형의 수와 정삼각형이 아닌 이등변삼각형의 수의 차는 몇 개입니까?

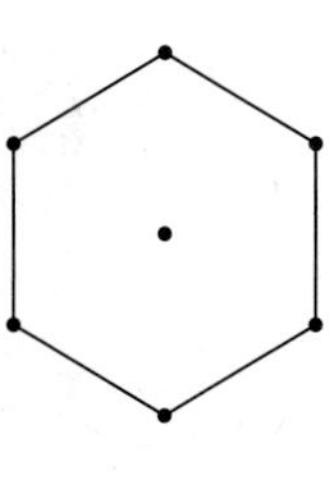

해결 전략 세 점을 연결하여 만들 수 있는 정삼각형과 정삼각형이 아닌 이등변삼각형을 그리고 그 수를 세어 봅니다.

도전, 창의사고력

다음은 조각을 밀기, 뒤집기, 돌리기 하여 아래에 있는 조각들 위에 쌓아 점수를 얻는 게임입니다. 주어진 다섯 조각으로 화면 속 8줄을 모두 채워 보시오. (단, 한 가지 조각을 여러 번 사용할 수 있습니다.)

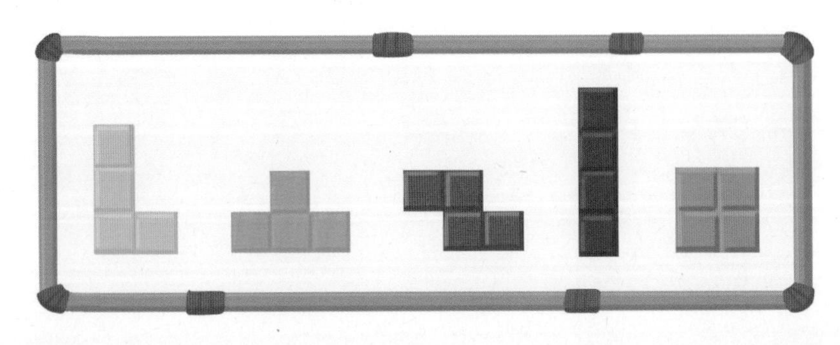

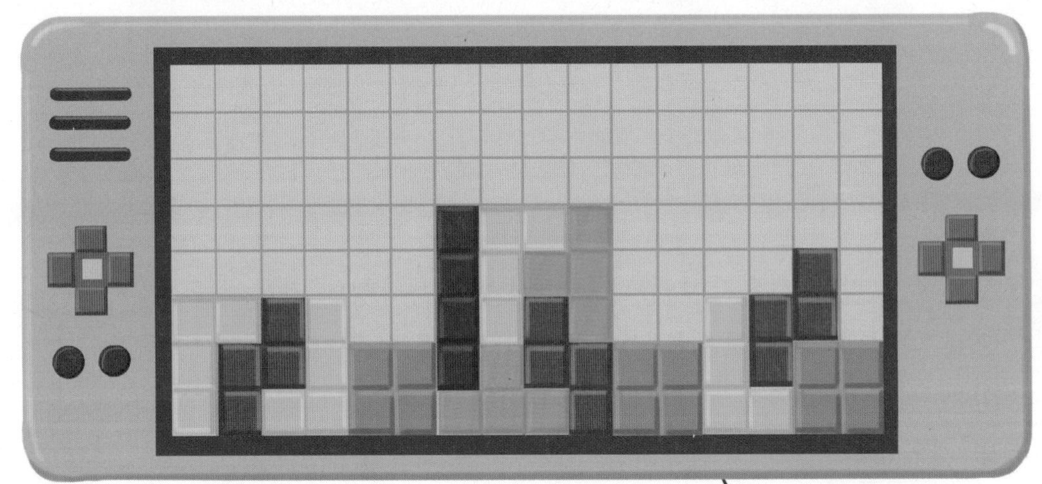

표를 만들어 해결하기

표를 만들어 해결하기

1

연우는 올해 1월부터 매월 15000원씩, 소연이는 4월부터 24000원씩 저금을 하고 있습니다. 연우와 소연이가 저금한 돈이 같아지는 때는 몇 월까지 저금했을 때입니까?

문제 분석

구하려는 것에 밑줄을 긋고 주어진 조건을 정리해 보시오.

• 연우가 매월 저금하는 금액: 1월부터 ☐원씩

• 소연이가 매월 저금하는 금액: 4월부터 ☐원씩

• 연우와 소연이가 저금한 돈을 표에 나타내 봅니다.
• 만든 표에서 두 사람의 저금한 돈이 같아지는 때를 찾아봅니다.

풀이

❶ 두 사람이 저금한 돈을 표에 나타내기

월	연우가 저금한 돈(원)	소연이가 저금한 돈(원)
1	15000	0
2	30000	
3		
4		
5		
6		
7		
8		
9		

❷ 연우와 소연이의 저금액이 같아지는 때는 몇 월까지 저금했을 때인지 구하기

❶의 표에서 연우와 소연이의 저금액이 같아지는 때는 ☐월까지 저금했을 때입니다.

답 ☐월

바른답 • 알찬풀이 08쪽

2

오늘 수지의 저금통에는 10000원, 호진이의 저금통에는 5000원이 들어 있습니다. 내일부터 매일 수지는 2500원씩, 호진이는 7500원씩 저금통에 모으려고 합니다. 저금통에 모은 돈이 호진이가 수지의 2배가 되는 때는 오늘부터 며칠 후입니까?

문제 분석

구하려는 것에 밑줄을 긋고 주어진 조건을 정리해 보시오.

- 오늘 수지의 저금통에 들어 있는 금액: ☐원
- 수지가 매일 모으는 금액: ☐원
- 오늘 호진이의 저금통에 들어 있는 금액: ☐원
- 호진이가 매일 모으는 금액: ☐원

해결 전략

- 수지와 호진이가 저금통에 모은 돈을 표에 나타내 봅니다.
- 만든 표에서 호진이가 수지의 2배가 되는 때를 찾아봅니다.

풀이

① 두 사람이 저금통에 모은 돈을 표에 나타내기

② 저금통에 모은 돈이 호진이가 수지의 2배가 되는 때는 오늘부터 며칠 후인지 구하기

답

표를 만들어 해결하기

3

바둑돌의 배열을 보고 여섯째에 알맞은 모양에서 검은색과 흰색 바둑돌 수의 차는 몇 개입니까?

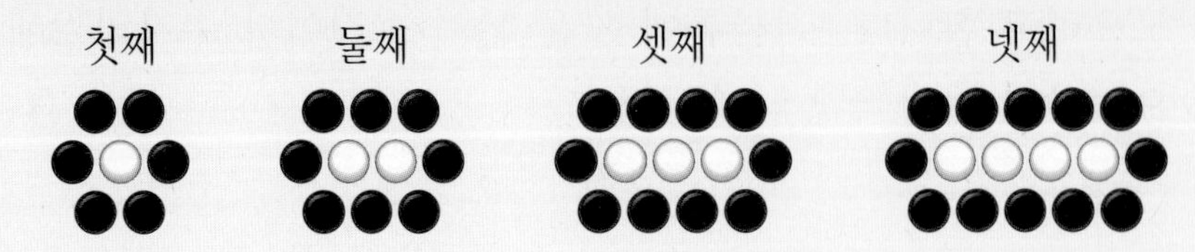

문제 분석

구하려는 것에 밑줄을 긋고 주어진 조건을 정리해 보시오.

바둑돌의 배열에서 검은색과 흰색 바둑돌의 수

해결 전략

바둑돌의 배열에서 늘어 놓은 순서에 따라 검은색과 흰색 바둑돌의 수와 그 차를 표에 나타내 봅니다.

풀이

❶ 검은색과 흰색 바둑돌의 수와 그 차를 표에 나타내기

순서	첫째	둘째	셋째	넷째	다섯째	여섯째
검은색 바둑돌 수(개)	6	8	10			
흰색 바둑돌 수(개)	1	2				
두 바둑돌 수의 차(개)	5					

❷ 여섯째에 알맞은 모양에서 검은색과 흰색 바둑돌 수의 차는 몇 개인지 구하기

여섯째에 알맞은 모양에서 검은색 바둑돌은 □개, 흰색 바둑돌은 □개이므로 두 바둑돌 수의 차는 □−□=□(개)입니다.

답

□개

바른답 • 알찬풀이 08쪽

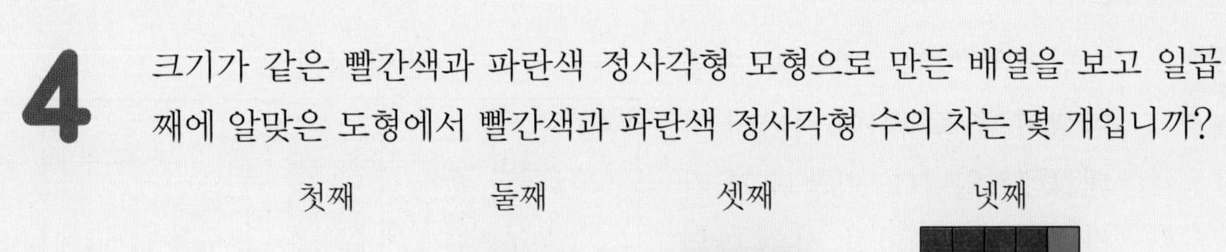

4

크기가 같은 빨간색과 파란색 정사각형 모형으로 만든 배열을 보고 일곱째에 알맞은 도형에서 빨간색과 파란색 정사각형 수의 차는 몇 개입니까?

문제 분석

구하려는 것**에 밑줄을 긋고** 주어진 조건**을 정리해 보시오.**

규칙에 따라 빨간색과 파란색 정사각형 모형으로 만든 배열

해결 전략

도형의 배열에서 늘어 놓은 순서에 따라 빨간색과 파란색 정사각형의 수와 그 차를 표에 나타내 봅니다.

풀이

1 빨간색과 파란색 정사각형의 수와 그 차를 표에 나타내기

2 일곱째에 알맞은 도형에서 빨간색과 파란색 정사각형 수의 차는 몇 개인지 구하기

답

익히기

표를 만들어 해결하기

5

수민이네 학교 4학년의 반별 학생 수를 조사하여 나타낸 막대그래프입니다. 학생 수가 가장 많은 반과 가장 적은 반의 학생 수의 차는 몇 명입니까?

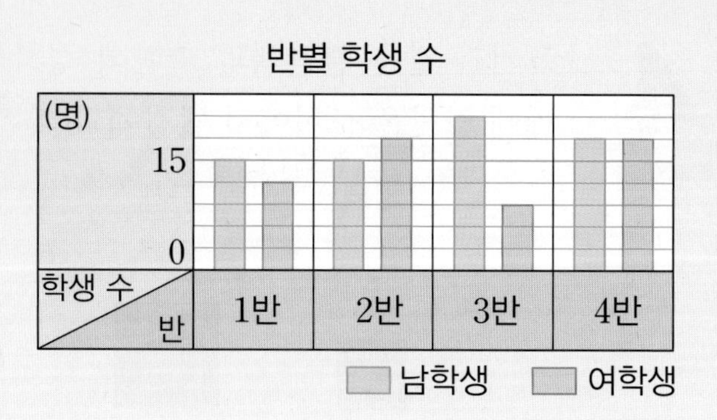

문제 분석 구하려는 것에 밑줄을 긋고 주어진 조건을 정리해 보시오.

반별 학생 수를 조사하여 나타낸 막대그래프

해결 전략

- 막대그래프의 (가로 , 세로) 눈금 한 칸의 크기를 구한 다음 각 반별 학생 수를 표에 나타내 봅니다.
- 학생 수가 가장 많은 반과 가장 적은 반을 알아봅니다.

풀이

① 반별 남학생과 여학생 수와 그 합을 표에 나타내기

막대그래프의 세로 눈금 한 칸은 15÷☐=☐(명)을 나타냅니다.

반	1반	2반	3반	4반
남학생 수(명)				
여학생 수(명)				
학생 수(명)				

② 학생 수가 가장 많은 반과 가장 적은 반의 학생 수의 차는 몇 명인지 구하기

학생 수가 가장 많은 반은 ☐반으로 ☐명이고

가장 적은 반은 ☐반으로 ☐명입니다.

따라서 학생 수가 가장 많은 반과 가장 적은 반의 학생 수의 차는

☐−☐=☐(명)입니다.

답 ☐명

바른답•알찬풀이 09쪽

6

현우네 학교 4학년 학생들이 좋아하는 계절을 조사하여 나타낸 막대그래프입니다. 가장 많은 학생들이 좋아하는 계절과 둘째로 많은 학생들이 좋아하는 계절의 학생 수의 차는 몇 명입니까?

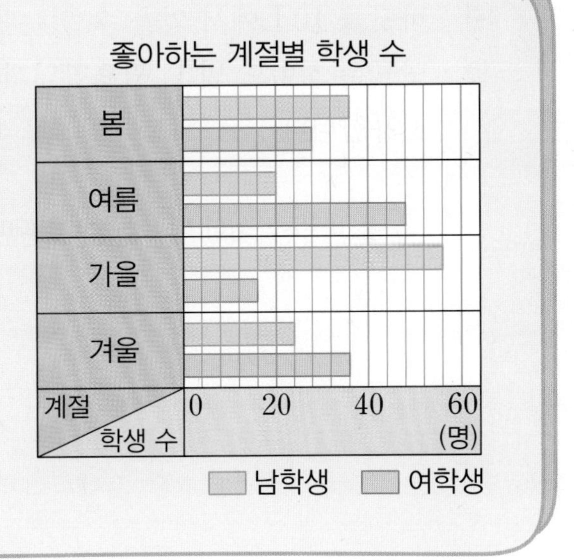

문제 분석

구하려는 것에 밑줄을 긋고 주어진 조건을 정리해 보시오.

좋아하는 계절을 조사하여 나타낸 막대그래프

해결 전략

- 막대그래프의 (가로 , 세로) 눈금 한 칸의 크기를 구한 다음 좋아하는 계절별 학생 수를 표에 나타내 봅니다.
- 가장 많은 학생들이 좋아하는 계절과 둘째로 많은 학생들이 좋아하는 계절을 알아봅니다.

풀이

① 좋아하는 계절별 남학생과 여학생 수와 그 합을 표에 나타내기

② 가장 많은 학생들이 좋아하는 계절과 둘째로 많은 학생들이 좋아하는 계절의 학생 수의 차는 몇 명인지 구하기

답

표를 만들어 해결하기

1 바닷물 10 L에서 얻을 수 있는 소금은 0.3 kg입니다. 소금을 1.2 kg 얻으려면 바닷물은 적어도 몇 L 필요합니까? (단, 소금을 만드는 데 바닷물은 10 L 단위로만 사용합니다.)

해결 전략 바닷물의 양이 10 L씩 늘어날 때마다 얻을 수 있는 소금의 양을 표에 나타내 봅니다.

2 길이가 24 cm인 철사를 모두 사용하여 이등변삼각형을 만들려고 합니다. 모양이 서로 다른 이등변삼각형을 모두 몇 개 만들 수 있습니까? (단, 삼각형의 세 변의 길이는 모두 자연수입니다.)

해결 전략 삼각형에서 가장 긴 변의 길이는 나머지 두 변의 길이의 합보다 짧음을 이용하여 이등변삼각형의 세 변의 길이를 각각 구해 봅니다.

3 은행에서 8400000원을 100만 원권 수표와 10만 원권 수표로 모두 바꾸려고 합니다. 수표의 수가 모두 39장이라고 할 때 100만 원권 수표와 10만 원권 수표는 각각 몇 장으로 바꾸었습니까?

해결 전략 100만 원권 수표의 수가 1장씩 줄어들면 10만 원권 수표의 수는 10장씩 늘어남을 이용하여 100만 원권 수표와 10만 원권 수표로 바꾸는 여러 가지 경우를 알아봅니다.

바른답 • 알찬풀이 09쪽

4 바둑돌의 배열을 보고 여섯째에 알맞은 모양에서 검은색과 흰색 바둑돌 수의 차는 몇 개입니까?

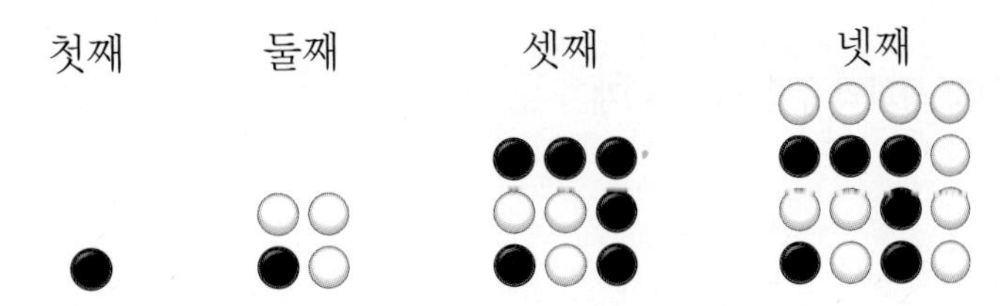

해결 전략 바둑돌의 배열에서 늘어 놓은 순서에 따라 검은색과 흰색 바둑돌 수와 그 차를 표에 나타내 봅니다.

5 가와 나 가게의 아이스크림 판매량을 조사하여 나타낸 꺾은선그래프입니다. 아이스크림 1개의 가격이 가 가게는 750원, 나 가게는 800원입니다. 5일 동안의 아이스크림 판매액은 어느 가게가 얼마 더 많습니까?

아이스크림 판매량

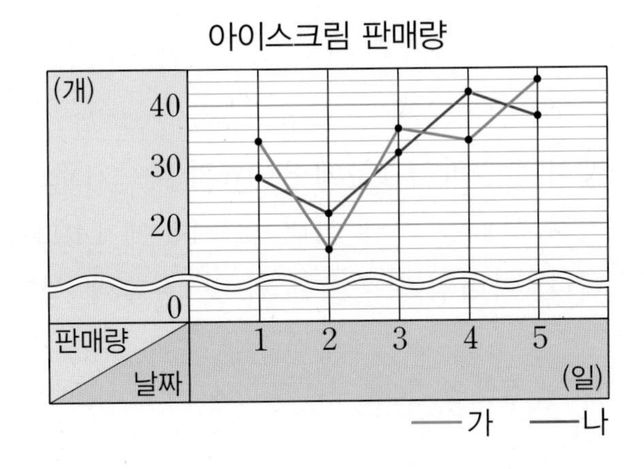

해결 전략 가와 나 가게의 아이스크림 판매량을 표로 나타내어 5일 동안의 판매량을 알아봅니다.

6 한 개의 무게가 95 g인 귤과 250 g인 사과를 합해서 30개 샀습니다. 귤과 사과의 무게가 모두 4.555 kg일 때 귤과 사과는 각각 몇 개씩 샀습니까?

해결 전략 귤과 사과의 수의 합이 30개가 되도록 표에 나타낸 다음 귤과 사과의 수에 따라 전체 무게를 구해 봅니다.

7 오른쪽 마름모 ㄱㄴㄷㄹ의 두 대각선의 길이의 합이 28 cm이고 차가 4 cm일 때, 삼각형 ㄱㄴㅁ의 둘레는 몇 cm입니까?

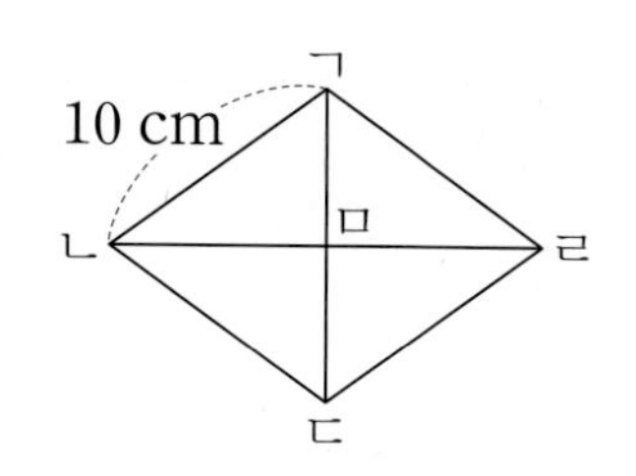

해결 전략 두 수의 합이 28이 되도록 표를 만들어 차가 4인 두 수를 알아봅니다.

8 성민이는 집에서 출발하여 1분에 80 m의 빠르기로 삼촌 댁을 향해 걸어갔습니다. 성민이가 출발하고 15분 후에 아버지는 1분에 140 m의 빠르기로 성민이가 간 길을 따라갔습니다. 아버지가 출발한 지 몇 분 후에 성민이와 만나겠습니까?

해결 전략 성민이가 15분 동안 간 거리를 구한 후 아버지가 간 시간에 따라 성민이와 아버지가 간 거리를 각각 알아봅니다.

바른답 • 알찬풀이 10쪽

9

구슬이 각각 1개, 2개, 3개, 4개씩 들어 있는 주머니 수를 조사하여 나타낸 막대 그래프입니다. 주머니는 모두 18개이고 주머니에 들어 있는 구슬은 모두 43개입니다. 구슬이 4개 들어 있는 주머니는 몇 개입니까?

구슬 수별 주머니 수

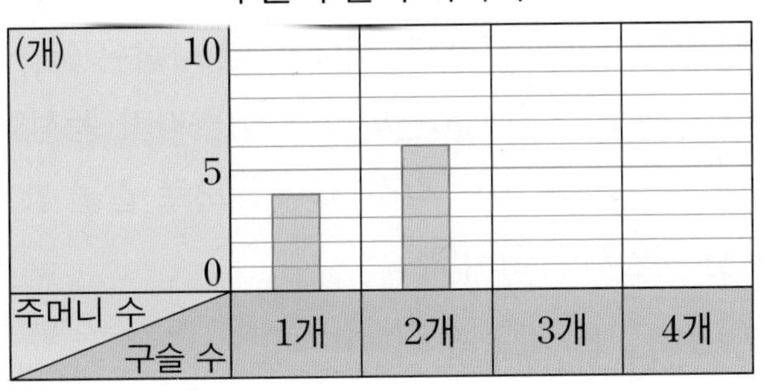

해결 전략 구슬이 3개, 4개씩 들어 있는 주머니 수의 합과 구슬 수의 합을 표에 나타내 봅니다.

10

그림과 같은 규칙으로 성냥개비를 놓아 큰 삼각형 모양을 만들어 갈 때 삼각형 ㄱㄴㄷ과 크기가 같은 삼각형이 둘째에는 4개, 셋째에는 9개가 됩니다. 삼각형 ㄱㄴㄷ과 크기와 모양이 같은 삼각형이 25개가 되는 큰 삼각형을 만들 때 필요한 성냥개비는 몇 개입니까?

첫째 둘째 셋째

ㄱ ㄴ ㄷ

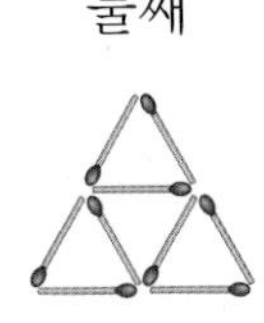

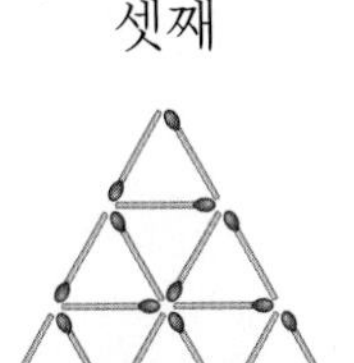

해결 전략 성냥개비의 배열에서 순서에 따라 만들어지는 삼각형 수와 늘어난 성냥개비 수를 알아봅니다.

도전, 창의사고력

지은이와 윤태는 저금통을 한 개씩 가지고 있고 저금통에는 50원, 100원, 500원짜리 동전이 들어 있습니다. 두 사람 중에서 한 사람은 500원짜리와 100원짜리 동전의 수가, 다른 한 사람은 100원짜리와 50원짜리 동전의 수가 같습니다. 두 사람의 저금통에 들어 있는 돈은 각각 9500원으로 같을 때 두 사람이 가지고 있는 동전은 모두 몇 개인지 구하시오.

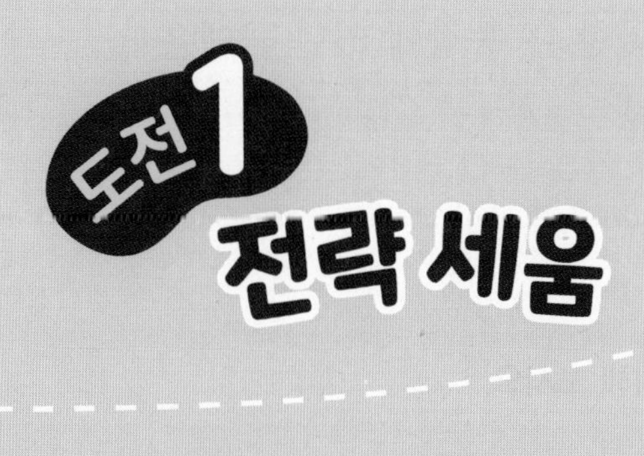

거꾸로 풀어 해결하기

1

시현이의 어머니는 매월 50만 원씩 저금을 합니다. 이번 달 저금한 후 통장에 4500000원이 있다면 6개월 전에 저금한 후 통장에 있던 금액은 얼마입니까? (단, 이자는 생각하지 않습니다.)

문제 분석

구하려는 것에 밑줄을 긋고 주어진 조건을 정리해 보시오.

- 매월 저금한 돈: 50만 원
- 이번 달 저금한 후 통장에 있는 돈: ☐원

해결 전략

50만 원씩 작아지도록 거꾸로 뛰어 세어 6개월 전에 저금한 후 통장에 있던 금액을 구합니다.

풀이

① 이번 달에서 6개월 전에 저금한 후까지 통장의 금액을 거꾸로 생각하기

시현이네 어머니는 매월 ☐ 원씩 저금을 합니다.

50만 → 50만 → 50만 → ☐ → ☐ → ☐

6개월 전 — 5개월 전 — 4개월 전 — 3개월 전 — 2개월 전 — 1개월 전 — ☐

② 6개월 전에 저금한 후 통장에 있던 금액은 얼마인지 구하기

4500000에서 ☐ 원씩 거꾸로 ☐번 뛰어 세어 봅니다.

4500000 — ☐ — ☐ — ☐ — ☐ — ☐ — ☐

1개월 전 2개월 전 3개월 전 4개월 전 5개월 전 6개월 전

따라서 6개월 전에 저금한 후 통장에 있던 금액은 ☐원입니다.

답 ☐원

바른답 • 알찬풀이 12쪽

2 지윤이의 부모님은 매월 100만 원씩 저금을 합니다. 이번 달에 저금한 후 통장에 26400000원이 있다면 5개월 전에 저금한 후 통장에 있던 금액은 얼마입니까? (단, 이자는 저금한 금액에 상관없이 매월 1일에 10000원씩 통장으로 들어옵니다.)

문제 분석

구하려는 것에 밑줄을 긋고 주어진 조건을 정리해 보시오.

- 매월 저금한 돈: ☐만 원
- 이번 달 저금한 후 통장에 있는 돈: ☐원
- 매월 1일에 들어오는 이자: ☐원

해결 전략

- 매월 100만 원씩 저금을 하고 매월 10000원씩 이자가 들어오므로 매월 (100만 , 101만) 원씩 저금을 하는 것과 같습니다.
- 거꾸로 뛰어 세어 5개월 전에 저금한 후 통장에 있던 금액을 구합니다.

풀이

① 이번 달에서 5개월 전에 저금한 후까지 통장의 금액을 거꾸로 생각하기

② 5개월 전에 저금한 후 통장에 있던 금액은 얼마인지 구하기

답

거꾸로 풀어 해결하기

3

어떤 수에 $1\frac{2}{5}$를 빼야 할 것을 잘못하여 더했더니 4가 되었습니다. 바르게 계산하면 얼마입니까?

문제 분석

구하려는 것에 밑줄을 긋고 주어진 조건을 정리해 보시오.

- 바르게 계산한 식: (어떤 수)−□
- 잘못 계산한 식: (어떤 수)+□=□

해결 전략

덧셈과 뺄셈의 관계를 이용하여 어떤 수를 구한 후 바르게 계산한 값을 구합니다.

■+★=▲ ➡ ▲(+ , −)★=■

풀이

❶ 어떤 수 구하기

잘못 계산한 식은 (어떤 수)+□=□이므로

(어떤 수)=□−□=□입니다.

❷ 바르게 계산하면 얼마인지 구하기

바르게 계산하면

(어떤 수)−□=□−□=□입니다.

답 □

바른답 • 알찬풀이 12쪽

4 어떤 수에 4.8을 더해야 할 것을 잘못하여 뺐더니 15.73이 되었습니다. 바르게 계산하면 얼마입니까?

문제 분석

구하려는 것에 밑줄을 긋고 주어진 조건을 정리해 보시오.

- 바르게 계산한 식: (어떤 수)$+$☐
- 잘못 계산한 식: (어떤 수)$-$☐$=$☐

해결 전략

덧셈과 뺄셈의 관계를 이용하여 어떤 수를 구한 후 바르게 계산한 값을 구합니다.

■−☆=▲ ➡ ▲(+ , −)☆=■

풀이

① 어떤 수 구하기

② 바르게 계산하면 얼마인지 구하기

답

5

어떤 도형을 왼쪽으로 3번 뒤집고 시계 방향으로 180°만큼 돌린 도형입니다. 처음 도형을 그려 보시오.

처음 도형

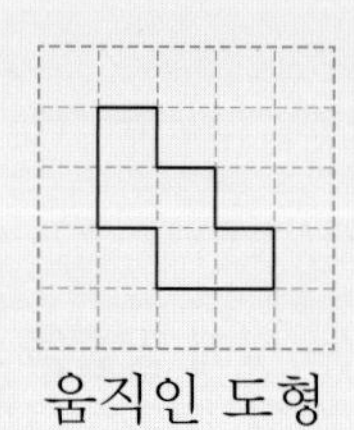
움직인 도형

문제 분석

구하려는 것에 밑줄을 긋고 주어진 조건을 정리해 보시오.

- 이동 순서: 왼쪽으로 3번 (뒤집기 , 돌리기)
  ➡ 시계 방향으로 180°만큼 (뒤집기 , 돌리기)
- 움직인 도형

해결 전략

이동하기 전의 도형을 구하려면 반대로 이동합니다.

➡ • 왼쪽으로 뒤집기 ⟶ (오른쪽 , 왼쪽)으로 뒤집기

• ⟶ (,)

풀이

❶ 시계 방향으로 180°만큼 돌리기 전의 도형 그리기

시계 방향으로 180°만큼 돌리기 전의 도형은 시계 반대 방향으로 ☐°만큼 돌린 모양과 같습니다.

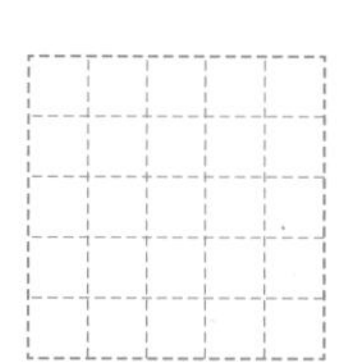

❷ 왼쪽으로 3번 뒤집기 전의 처음 도형 그리기

왼쪽으로 3번 뒤집은 도형은 왼쪽으로 ☐번 뒤집은 도형과 같습니다.

왼쪽으로 1번 뒤집기 전의 도형은 오른쪽으로 ☐번 뒤집은 도형과 같으므로 ❶에서 그린 도형을 오른쪽으로 ☐번 뒤집은 도형을 그립니다.

답

바른답 • 알찬풀이 12쪽

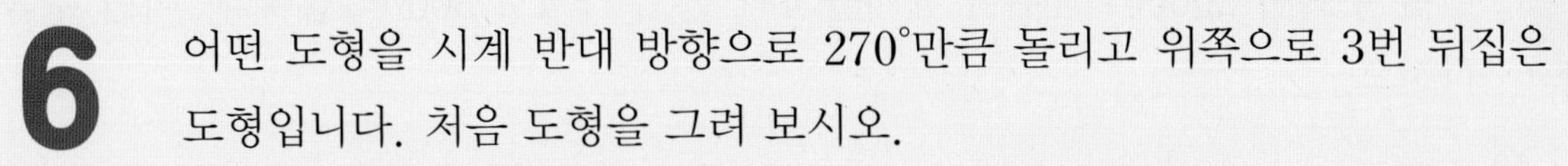

6 어떤 도형을 시계 반대 방향으로 270°만큼 돌리고 위쪽으로 3번 뒤집은 도형입니다. 처음 도형을 그려 보시오.

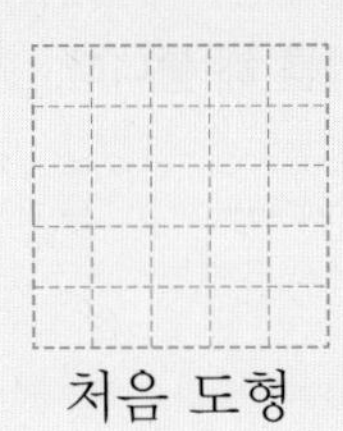
처음 도형

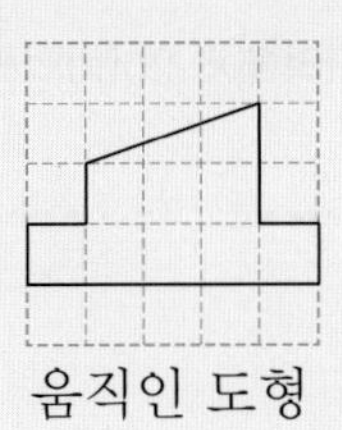
움직인 도형

문제 분석

구하려는 것에 밑줄을 긋고 주어진 조건을 정리해 보시오.

• 이동 순서: 시계 반대 방향으로 270°만큼 (돌리기 , 뒤집기)
➡ 위쪽으로 3번 (돌리기 , 뒤집기)

• 움직인 도형

해결 전략

이동하기 전의 도형을 구하려면 반대로 이동합니다.

➡ • 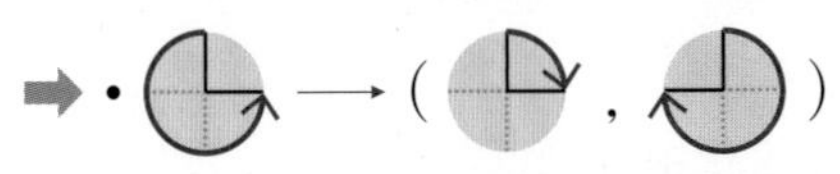

• 위쪽으로 뒤집기 ⟶ (위쪽 , 아래쪽)으로 뒤집기

풀이

❶ 위쪽으로 3번 뒤집기 전의 도형 그리기

❷ 시계 반대 방향으로 270°만큼 돌리기 전의 처음 도형 그리기

답

거꾸로 풀어 해결하기

1 어떤 수에서 2000억씩 뛰어 세기를 4번 한 수가 4조 3000억입니다. 어떤 수를 구하시오.

해결 전략 4조 3000억에서 2000억씩 거꾸로 뛰어 세기를 해 봅니다.

2 ㉮☆㉯=㉮+㉮+㉯로 약속할 때, ㉠에 알맞은 수를 구하시오.

$$\frac{5}{7} ☆ ㉠=3\frac{1}{7}$$

해결 전략 ㉮☆㉯에서 ㉮, ㉯ 대신 수를 넣고 약속에 따라 식을 세웁니다.

3 어떤 수의 $\frac{1}{10}$인 수는 5.61보다 1.88 작은 수입니다. 어떤 수를 100배 한 수는 얼마입니까?

해결 전략 어떤 수의 10배는 소수점을 기준으로 왼쪽으로 한 자리 이동하고 어떤 수의 $\frac{1}{10}$배는 소수점을 기준으로 오른쪽으로 한 자리 이동합니다.

4

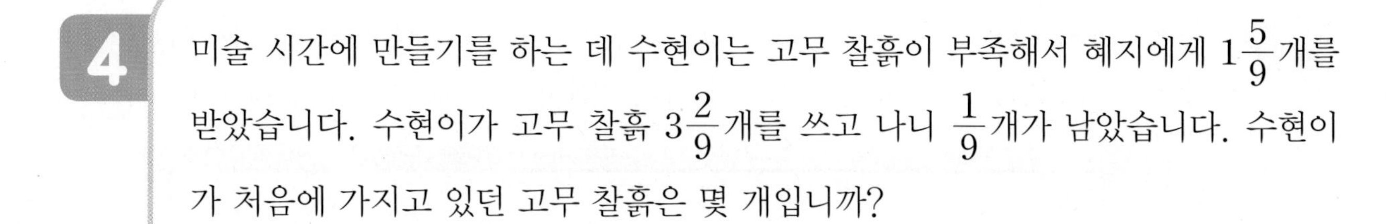

미술 시간에 만들기를 하는 데 수현이는 고무 찰흙이 부족해서 혜지에게 $1\frac{5}{9}$개를 받았습니다. 수현이가 고무 찰흙 $3\frac{2}{9}$개를 쓰고 나니 $\frac{1}{9}$개가 남았습니다. 수현이가 처음에 가지고 있던 고무 찰흙은 몇 개입니까?

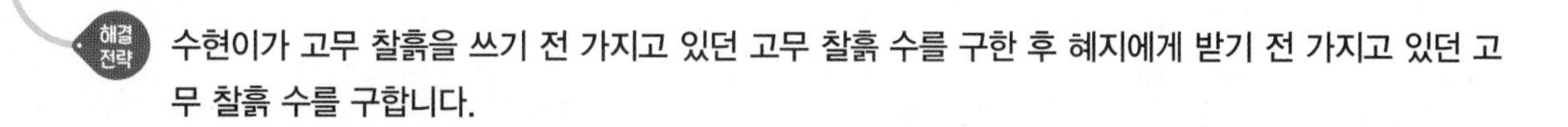

해결 전략 수현이가 고무 찰흙을 쓰기 전 가지고 있던 고무 찰흙 수를 구한 후 혜지에게 받기 전 가지고 있던 고무 찰흙 수를 구합니다.

5

정사각형 모양의 색종이를 그림과 같이 겹치지 않게 이어 붙여 직사각형을 만들었습니다. 만든 직사각형의 가로와 세로의 합이 82.75 cm일 때 정사각형 모양의 색종이의 한 변의 길이는 몇 cm입니까?

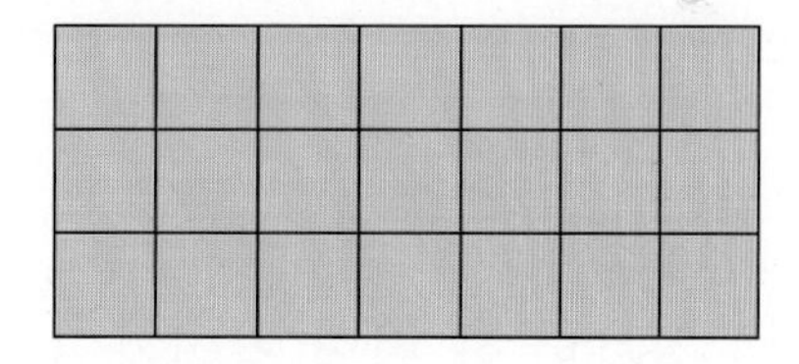

해결 전략 정사각형 모양의 색종이의 한 변의 길이를 △ cm라고 하면 만든 직사각형의 가로는 (△×7) cm, 세로는 (△×3) cm입니다.

6

어떤 수를 19로 나누어야 할 것을 잘못하여 곱하였더니 912가 되었습니다. 바르게 계산했을 때의 몫과 나머지의 합을 구하시오.

해결 전략 어떤 수를 □라고 하여 잘못 계산한 식을 만든 후 거꾸로 생각하여 □의 값을 구합니다.

7 아버지께서 주신 용돈을 삼형제가 다음과 같이 나누어 가졌습니다. 나누어 가지고 남은 돈 450원을 저금하기로 했다면 아버지께서 주신 용돈은 얼마입니까?

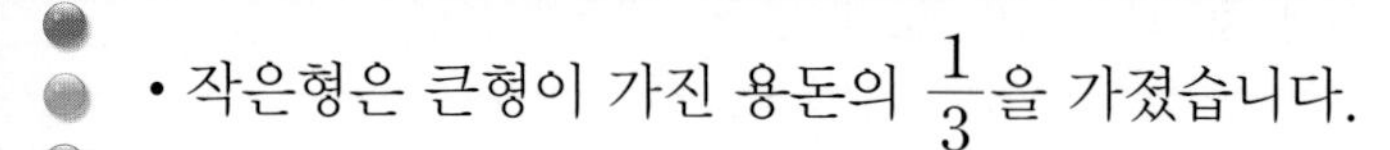

- 작은형은 큰형이 가진 용돈의 $\frac{1}{3}$을 가졌습니다.
- 막내는 작은형이 가진 용돈의 $\frac{1}{14}$을 가졌습니다.
- 막내는 아버지께서 나누어 주시고 남은 돈만큼 가졌습니다.

해결 전략 막내가 가진 용돈부터 거꾸로 생각하여 작은형과 큰형이 가진 용돈을 차례로 구합니다.

8 석후는 가지고 있던 철사로 한 변의 길이가 $3\frac{2}{10}$ cm인 정오각형을 한 개 만들었습니다. 남은 철사 중 6.5 cm를 친구에게 준 다음 한 변의 길이가 4.6 cm인 정삼각형을 한 개 만들었더니 남은 철사가 2.7 cm입니다. 석후가 처음에 가지고 있던 철사는 몇 cm입니까?

해결 전략 정다각형은 변의 길이가 모두 같음을 이용합니다.

바른답 • 알찬풀이 14쪽

9 오른쪽은 어떤 도형을 왼쪽으로 5번 뒤집고 시계 방향으로 90°만큼 돌린 도형입니다. 처음 도형을 시계 방향으로 180°만큼 돌렸을 때의 도형을 그려 보시오.

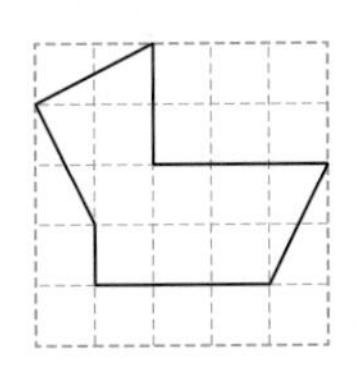

움직인 방향과 순서를 거꾸로 생각하여 처음 도형을 알아봅니다.

10 육상 대회의 장대높이뛰기 경기에서 ㉯ 선수의 기록은 ㉮ 선수보다 $\frac{5}{10}$ m 낮고, ㉰ 선수의 기록은 ㉯ 선수보다 $1\frac{1}{10}$ m 높습니다. ㉱ 선수의 기록은 ㉰ 선수보다 $\frac{8}{10}$ m 낮습니다. ㉱ 선수의 기록이 $4\frac{3}{10}$ m일 때 ㉮ 선수의 기록을 구하시오.

㉰ 선수의 기록부터 구한 후 거꾸로 생각하여 ㉯ 선수와 ㉮ 선수의 기록을 차례로 구합니다.

도전, 창의사고력

벽에 위아래가 바뀌어 걸려 있는 전자시계가 거울에 비친 모양이 다음과 같았습니다. 지금 이 전자시계가 가리키는 시각은 몇 시 몇 분인지 구하시오.

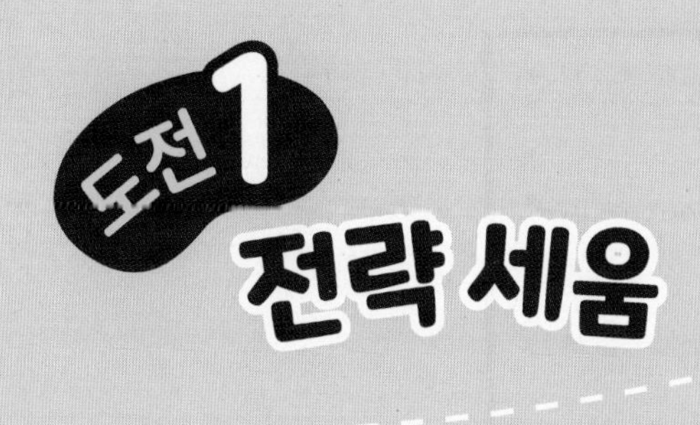

규칙을 찾아 해결하기

익히기

규칙을 찾아 해결하기

1

8을 30번 곱했을 때 일의 자리 숫자를 구하시오.

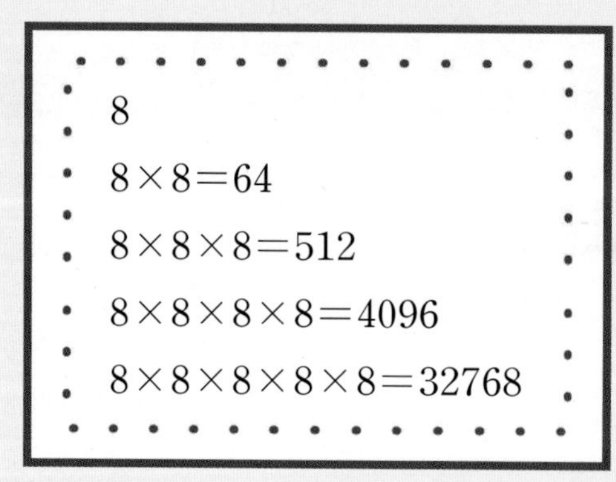

8

$8\times8=64$

$8\times8\times8=512$

$8\times8\times8\times8=4096$

$8\times8\times8\times8\times8=32768$

문제 분석 구하려는 것에 밑줄을 긋고 주어진 조건을 정리해 보시오.

□을 여러 번 곱한 곱셈식

해결 전략 곱의 □의 자리 숫자에서 반복되는 규칙을 찾아 8을 30번 곱했을 때 일의 자리 숫자를 구합니다.

풀이

① 곱의 일의 자리 숫자에서 규칙 찾기

8을 5번 곱했을 때 일의 자리 숫자는 □,

8을 6번 곱했을 때 일의 자리 숫자는 □×8=□이므로 □,

8을 7번 곱했을 때 일의 자리 숫자는 □×8=□이므로 □,

8을 8번 곱했을 때 일의 자리 숫자는 □×8=□이므로 □

➡ 곱의 일의 자리 숫자는 □, □, □, □이 반복됩니다.

② 8을 30번 곱했을 때 일의 자리 숫자 구하기

30÷□=□…□이므로 8을 30번 곱했을 때 일의 자리 숫자는

8을 □번 곱했을 때 일의 자리 숫자와 같습니다.

따라서 8을 30번 곱했을 때 일의 자리 숫자는 □입니다.

답 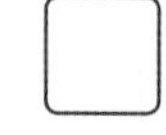

바른답 • 알찬풀이 15쪽

2

3을 100번 곱했을 때 일의 자리 숫자를 구하시오.

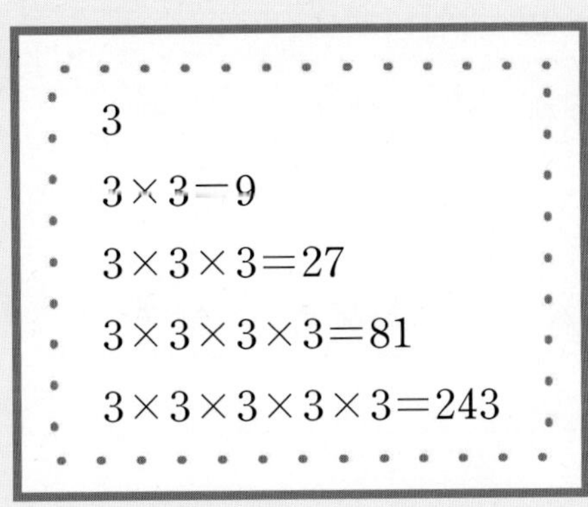

문제 분석 구하려는 것에 밑줄을 긋고 주어진 조건을 정리해 보시오.

☐을 여러 번 곱한 곱셈식

해결 전략 곱의 일의 자리 숫자에서 반복되는 규칙을 찾아 3을 100번 곱했을 때 일의 자리 숫자를 구합니다.

풀이

① 곱의 일의 자리 숫자에서 규칙 찾기

② 3을 100번 곱했을 때 일의 자리 숫자 구하기

답

3 다음과 같이 삼각형을 규칙적으로 놓을 때 일곱째에 알맞은 도형에서 가장 작은 삼각형은 몇 개입니까?

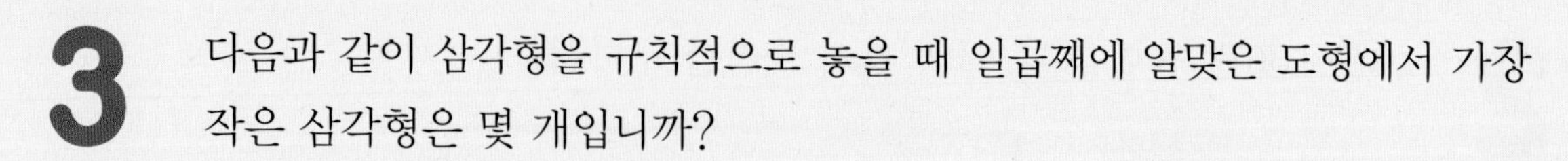

첫째 둘째 셋째 넷째

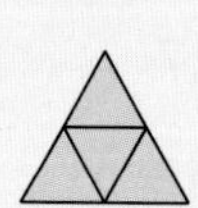

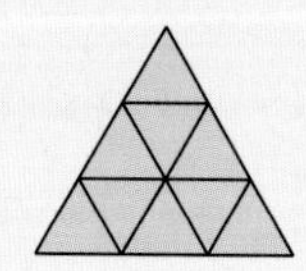

문제 분석

구하려는 것에 밑줄을 긋고 주어진 조건을 정리해 보시오.

규칙적으로 놓은 삼각형

해결 전략

각 순서의 가장 작은 삼각형의 수의 규칙을 찾아 일곱째에 알맞은 도형에서 가장 작은 삼각형의 수를 구합니다.

풀이

❶ 가장 작은 삼각형의 수의 규칙 찾기

첫째: 1개

둘째: 1+□=□(개)

셋째: □+□+□=□(개)

넷째: □+□+□+□=□(개)

➡ 가장 작은 삼각형은 3개, □개, □개······씩 늘어나는 규칙입니다.

❷ 일곱째에 알맞은 도형에서 가장 작은 삼각형은 몇 개인지 구하기

일곱째에 알맞은 도형에서 가장 작은 삼각형은

□+□+□+□+□+□+□=□(개)입니다.

답 □개

바른답 • 알찬풀이 15쪽

4

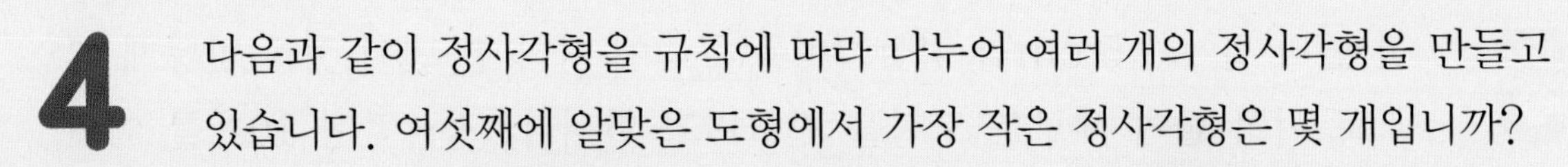

다음과 같이 정사각형을 규칙에 따라 나누어 여러 개의 정사각형을 만들고 있습니다. 여섯째에 알맞은 도형에서 가장 작은 정사각형은 몇 개입니까?

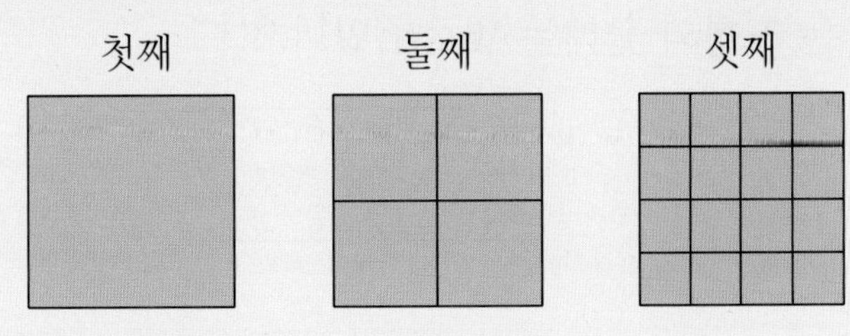

문제 분석

구하려는 것에 밑줄을 긋고 주어진 조건을 정리해 보시오.

정사각형을 규칙에 따라 나눈 도형

해결 전략

각 순서의 가장 작은 정사각형의 수의 규칙을 찾아 여섯째에 알맞은 도형에서 가장 작은 정사각형의 수를 구합니다.

풀이

❶ 가장 작은 정사각형의 수의 규칙 찾기

❷ 여섯째에 알맞은 도형에서 가장 작은 정사각형은 몇 개인지 구하기

답

5 한 변의 길이가 5 cm인 정삼각형을 규칙에 따라 한 변이 서로 맞닿게 옆으로 이어 붙여 새로운 도형을 만들려고 합니다. 정삼각형 10개를 이어 붙여 만든 도형의 둘레는 몇 cm입니까?

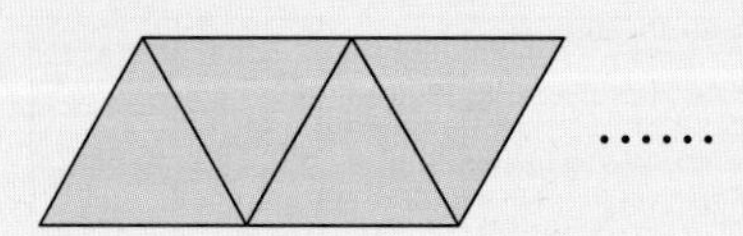

문제 분석 구하려는 것에 밑줄을 긋고 주어진 조건을 정리해 보시오.

- 정삼각형 한 변의 길이: ☐ cm
- 정삼각형을 규칙에 따라 한 변이 서로 맞닿게 옆으로 이어 붙여 새로운 도형을 만들려고 합니다.

해결 전략 정삼각형을 이어 붙여 만든 도형의 둘레에서 정삼각형 한 변의 수의 규칙을 찾은 후 도형의 둘레를 구합니다.

풀이

① **정삼각형 10개를 이어 붙여 만든 도형의 둘레에서 정삼각형 한 변은 모두 몇 개인지 구하기**

정삼각형 1개를 이어 붙였을 때 변의 수: $2+1=$ ☐(개)

정삼각형 2개를 이어 붙였을 때 변의 수: $2+$ ☐ $=$ ☐(개)

정삼각형 3개를 이어 붙였을 때 변의 수: ☐ $+$ ☐ $=$ ☐(개)

정삼각형 4개를 이어 붙였을 때 변의 수: ☐ $+$ ☐ $=$ ☐(개)

➡ 정삼각형 10개를 이어 붙였을 때 변의 수는 ☐ $+$ ☐ $=$ ☐(개)입니다.

② **정삼각형 10개를 이어 붙여 만든 도형의 둘레는 몇 cm인지 구하기**

정삼각형 10개를 이어 붙여 만든 도형의 둘레에서 정삼각형 한 변은 ☐개이므로 도형의 둘레는 $5\times$ ☐ $=$ ☐ (cm)입니다.

답 ☐ cm

바른답 • 알찬풀이 16쪽

6

한 변의 길이가 6 cm인 정육각형을 규칙에 따라 겹치지 않게 이어 붙인 것입니다. 정육각형 27개를 이어 붙인 도형의 둘레는 몇 cm입니까?

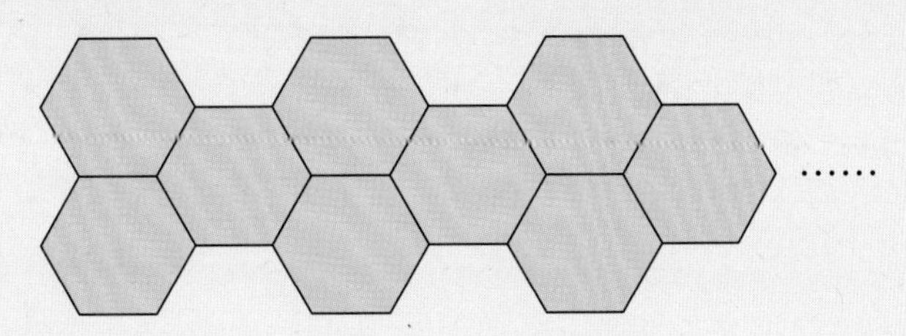

구하려는 것에 밑줄을 긋고 주어진 조건을 정리해 보시오.

- 정육각형 한 변의 길이: ☐ cm
- 정육각형을 규칙에 따라 겹치지 않게 이어 붙인 것입니다.

정육각형을 이어 붙여 만든 도형의 둘레에서 정육각형 한 변의 수의 규칙을 찾은 후 도형의 둘레를 구합니다.

풀이

① 정육각형 27개를 이어 붙인 도형의 둘레에서 정육각형 한 변은 모두 몇 개인지 구하기

② 정육각형 27개를 이어 붙인 도형의 둘레는 몇 cm인지 구하기

답

1 점의 배열을 보고 다섯째에 알맞은 도형에서 점은 몇 개인지 구하시오.

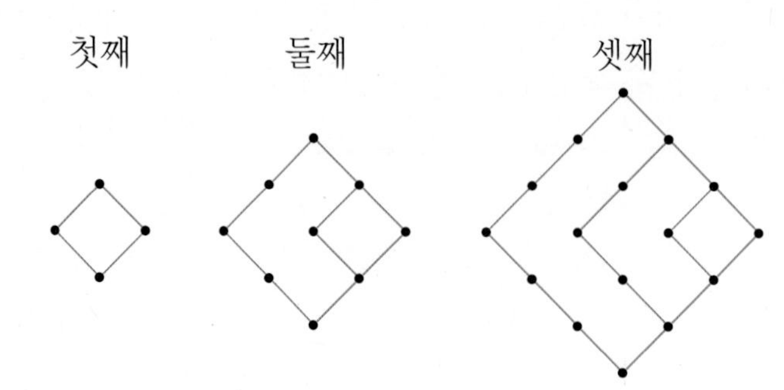

해결 전략 점의 배열을 보고 규칙을 찾아 다섯째에 알맞은 도형을 알아봅니다.

2 도형을 일정한 규칙으로 뒤집은 것입니다. 규칙에 따라 빈 곳에 알맞은 도형을 그려 보시오.

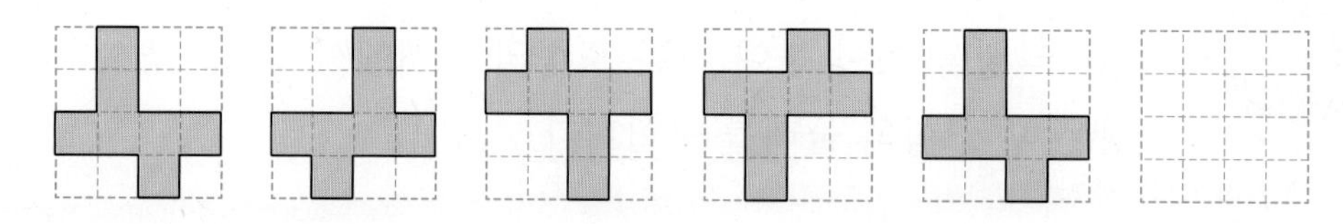

해결 전략 도형을 위쪽이나 아래쪽으로 뒤집으면 도형의 위쪽과 아래쪽이 서로 바뀌고, 도형을 왼쪽이나 오른쪽으로 뒤집으면 도형의 왼쪽과 오른쪽이 서로 바뀜을 이용하여 뒤집기의 규칙을 찾습니다.

3 다음과 같이 뛰어 센 규칙으로 1.024부터 5번 뛰어 센 소수를 구하시오.

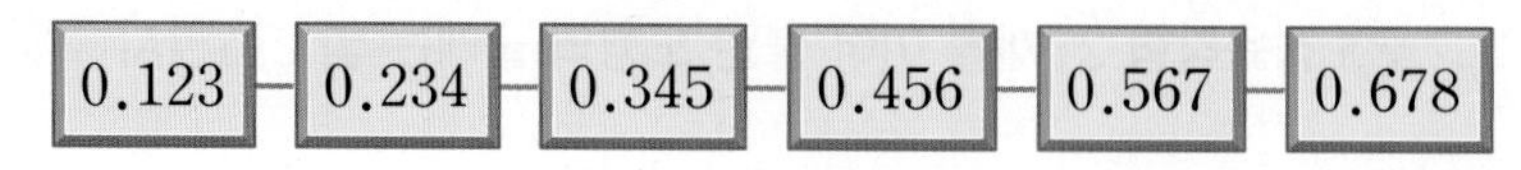

해결 전략 뒤의 수에서 앞의 수를 빼어 뛰어 센 규칙을 찾은 다음 같은 규칙으로 1.024부터 5번 뛰어 센 소수를 구합니다.

바른답 • 알찬풀이 16쪽

4 규칙적인 계산식을 보고 ㉠과 ㉡에 알맞은 수의 합을 구하시오.

$1\times8+1=9$	$9\times9+7=88$
$12\times8+2=98$	$98\times9+6=888$
$123\times8+3=987$	$987\times9+5=8888$
$1234\times8+4=9876$	$9876\times9+4=88888$
$12345\times8+5=98765$	$98765\times9+3=888888$
$123456\times8+6=$ ㉠	㉡ $\times9+2=8888888$

계산식에서 자릿수와 수의 커짐과 작아짐의 규칙을 찾아 ㉠과 ㉡에 알맞은 수를 구합니다.

5 연구실에서 배양하는 미생물 수를 조사하여 나타낸 꺾은선 그래프입니다. 미생물 수가 규칙적으로 늘어난다면 오후 7시에는 미생물이 몇 마리가 되겠습니까?

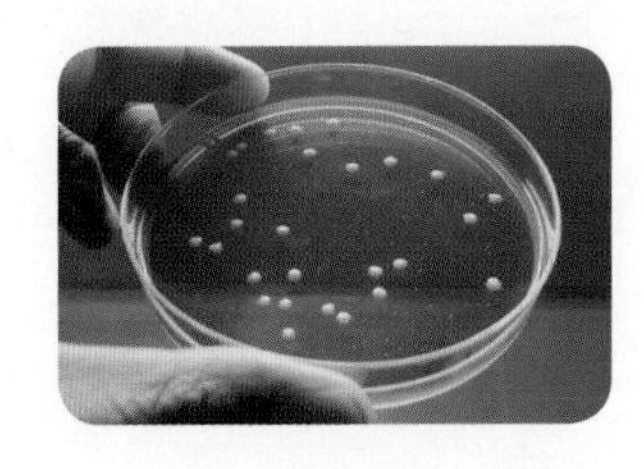

미생물 수

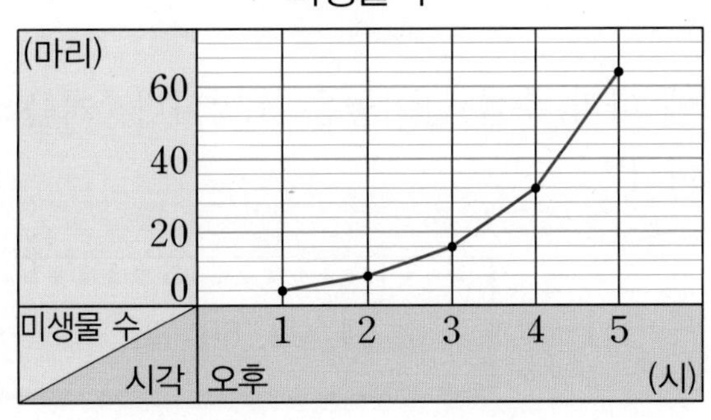

각 시각에 미생물이 각각 몇 마리인지 알아보고 1시간마다 늘어나는 미생물 수의 규칙을 찾아봅니다.

6 공깃돌의 배열을 보고 공깃돌이 99개 놓이는 것은 몇째인지 구하시오.

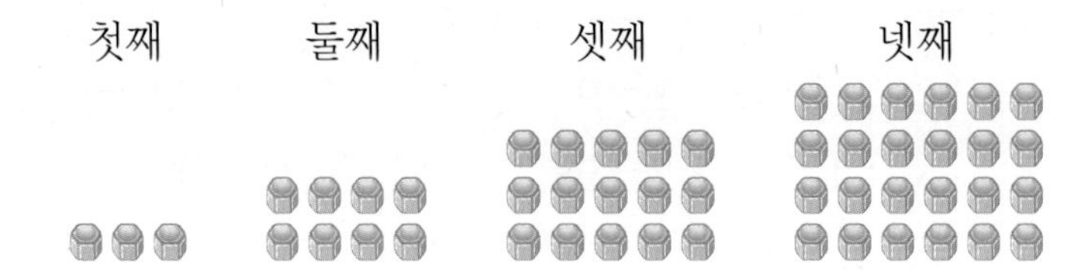

해결 전략 공깃돌이 가로와 세로에 놓여진 수를 식으로 나타내어 규칙을 알아봅니다.

7 종이 크기에는 A1, A2……와 같이 여러 가지가 있습니다. 오른쪽 그림과 같이 A8 종이는 A7 종이를 반으로 자른 것과 같고, A7 종이는 A6 종이를 반으로 자른 것과 같습니다. A1 종이를 자르면 A8 종이는 몇 장 나올 수 있습니까?

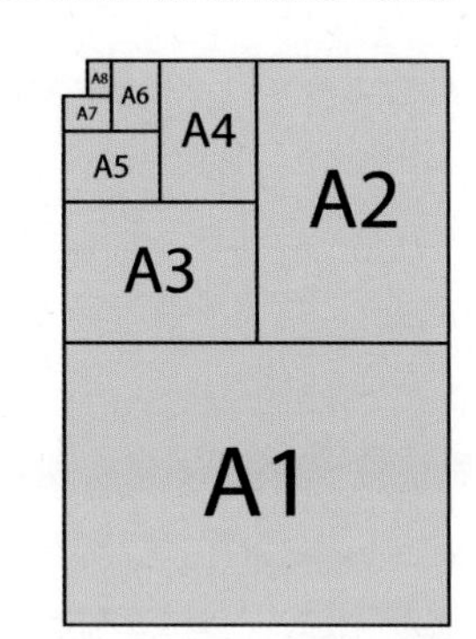

해결 전략 종이의 크기에서 규칙을 찾아 A1 종이를 자르면 A8 종이는 몇 장 나오는지 구합니다.

8 일정한 규칙에 따라 수를 늘어놓은 것입니다. 처음으로 100보다 큰 수가 놓이는 것은 몇째입니까?

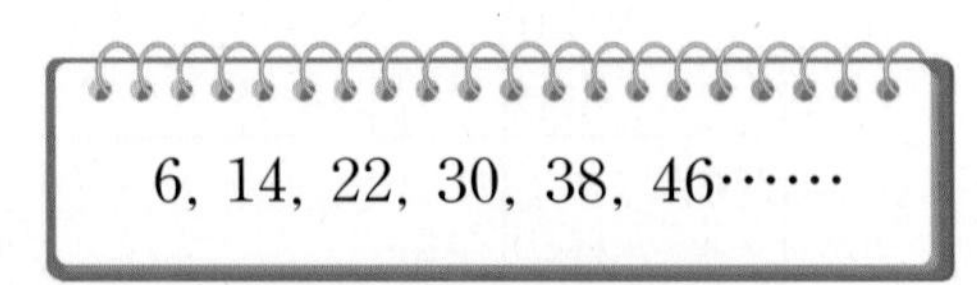

해결 전략 수가 몇씩 커지는지 알아본 다음 각 순서와 수 사이의 관계를 식으로 나타내어 봅니다.

바른답 • 알찬풀이 17쪽

9

그림과 같이 규칙에 따라 반지름이 2 cm인 원들을 늘어놓았습니다. 바깥쪽의 원의 중심을 연결하여 정삼각형을 만들 때 12째에 만든 정삼각형의 세 변의 길이의 합은 몇 cm입니까?

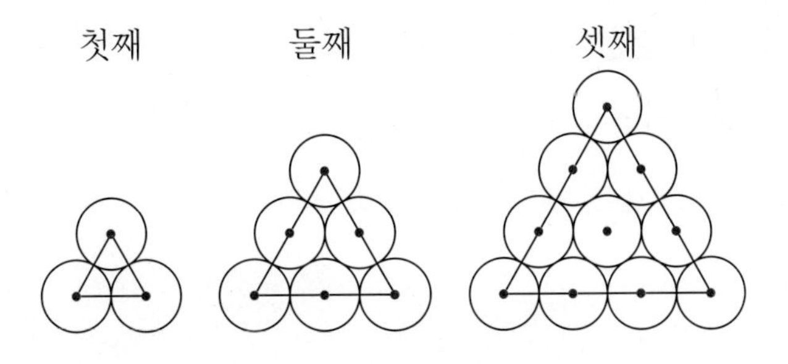

해결 전략 정삼각형의 한 변의 길이와 원의 반지름의 관계를 알아보고 규칙을 찾아 12째에 만든 정삼각형의 세 변의 길이의 합을 구합니다.

10

다음과 같은 규칙으로 분수를 늘어놓았습니다. 첫째부터 15째까지 분수들의 합을 구하시오.

$$1\frac{2}{40},\ 2\frac{4}{40},\ 3\frac{6}{40},\ 4\frac{8}{40},\ 5\frac{10}{40}\cdots\cdots$$

주어진 분수의 자연수 부분과 분수 부분에서 각각 규칙을 찾아 자연수끼리, 분수끼리 더해 계산합니다.

도전, 창의사고력

지훈이는 크기가 같은 색종이를 다음과 같이 겹치지 않게 각각 이어 붙여서 정사각형을 만들었습니다.

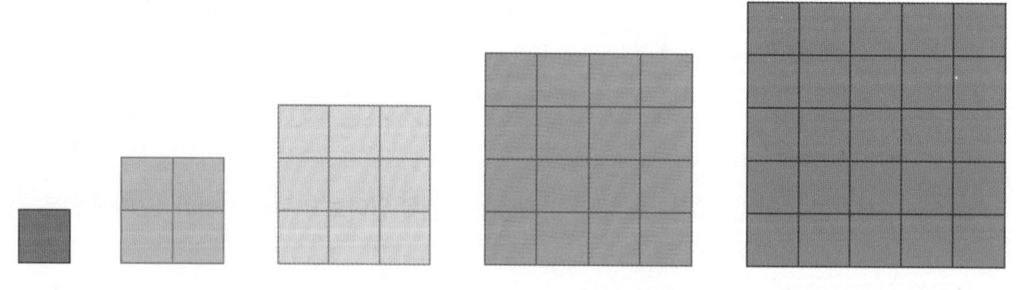

보이지 않는 색종이의 수가 가장 작게 되도록 파란색 위에 초록색, 초록색 위에 노란색, 노란색 위에 주황색, 주황색 위에 빨간색 정사각형을 겹쳐서 붙이려고 합니다. 이때 보이지 않는 색종이는 모두 몇 장인지 구하시오.

예상과 확인으로 해결하기

예상과 확인으로 해결하기

1

민지는 체험 농장에서 한 개의 무게가 200 g인 감자와 250 g인 고구마를 합하여 20개 캤습니다. 캔 감자와 고구마의 총 무게가 4550 g일 때 무게가 200 g인 감자와 250 g인 고구마를 각각 몇 개 캔 것인지 구하시오.

문제 분석

구하려는 것에 밑줄을 긋고 주어진 조건을 정리해 보시오.

- 캔 감자와 고구마의 수: □개
- 캔 감자와 고구마의 총 무게: □g

해결 전략

감자의 수를 ■개로 예상하여 감자와 고구마의 무게의 합을 구한 다음 그 값이 □g과 같은지 확인해 봅니다.

풀이

❶ **감자를 10개 캤다고 예상하여 무게를 구하고 확인하기**

감자를 10개 캤다고 예상하면 고구마는 20−□=□(개) 캤습니다.

(감자 10개의 무게)=200×□=□(g),

(고구마 10개의 무게)=250×□=□(g)이므로

(감자와 고구마의 무게)=□+□=□(g)입니다.

➡ 예상이 (맞았습니다 , 틀렸습니다).

❷ **감자를 9개 캤다고 예상하여 무게를 구하고 확인하기**

감자를 9개 캤다고 예상하면 고구마는 20−□=□(개) 캤습니다.

(감자 9개의 무게)=200×□=□(g),

(고구마 11개의 무게)=250×□=□(g)이므로

(감자와 고구마의 무게)=□+□=□(g)입니다.

➡ 예상이 (맞았습니다 , 틀렸습니다).

❸ **200 g인 감자와 250 g인 고구마를 각각 몇 개 캔 것인지 구하기**

200 g인 감자는 □개, 250 g인 고구마는 □개 캤습니다.

답

감자: □개, 고구마: □개

바른답 • 알찬풀이 18쪽

2

귤이 145개씩 들어 있는 상자와 112개씩 들어 있는 바구니가 있습니다. 상자와 바구니는 모두 25개이고 상자와 바구니에 들어 있는 귤은 2998개일 때 상자와 바구니는 각각 몇 개인지 구하시오.

문제 분석

구하려는 것에 밑줄을 긋고 주어진 조건을 정리해 보시오.

- 상자 한 개에 들어 있는 귤의 수: 145개
- 바구니 한 개에 들어 있는 귤의 수: □개
- 상자와 바구니의 수: □개, 전체 귤의 수: □개

상자의 수를 △개로 예상하여 귤의 수를 구한 다음 그 수가 □개와 같은지 확인해 봅니다.

풀이

❶ 상자가 5개라고 예상하여 전체 귤의 수를 구하고 확인하기

❷ 상자가 6개라고 예상하여 전체 귤의 수를 구하고 확인하기

❸ 상자와 바구니는 각각 몇 개인지 구하기

답

예상과 확인으로 해결하기

3

은주는 친구 2명과 함께 어린이 마라톤 대회에 참가하였습니다. 3명의 마라톤 참가 번호는 연속하는 두 자리 수이고, 3명의 참가 번호를 곱하면 12144입니다. 3명의 마라톤 참가 번호를 구하시오.

문제 분석

구하려는 것에 밑줄을 긋고 주어진 조건을 정리해 보시오.

- 3명의 마라톤 참가 번호: 연속하는 ☐ 자리 수
- 3명의 마라톤 참가 번호의 곱: ☐

해결 전략

연속하는 세 수 중 가장 작은 수를 예상하여 세 수의 곱을 구한 다음 그 값이 ☐와 같은지 확인해 봅니다.

풀이

① **세 수 중 가장 작은 수를 20이라고 예상하여 세 수의 곱을 구하고 확인하기**

연속하는 세 수 중 가장 작은 수를 20이라고 예상하면

세 수는 20, ☐, ☐이므로

(세 수의 곱)$=20\times$☐$\times$☐$=$☐입니다.

➡ 예상이 (맞았습니다 , 틀렸습니다).

② **세 수 중 가장 작은 수를 22라고 예상하여 세 수의 곱을 구하고 확인하기**

연속하는 세 수 중 가장 작은 수를 22라고 예상하면

세 수는 ☐, ☐, 24이므로

(세 수의 곱)$=$☐$\times$☐$\times 24=$☐입니다.

➡ 예상이 (맞았습니다 , 틀렸습니다).

③ **3명의 마라톤 참가 번호는 몇 번인지 구하기**

3명의 마라톤 참가 번호는 ☐번, ☐번, ☐번입니다.

답 ☐번, ☐번, ☐번

바른답 • 알찬풀이 19쪽

4

민수는 아버지, 어머니와 함께 영화를 보러 갔습니다. 3명의 좌석 번호는 연속하는 두 자리 수이고, 세 좌석 번호의 곱은 6840입니다. 세 좌석 번호 중 가장 큰 수와 가장 작은 수의 합을 구하시오.

문제 분석

구하려는 것에 밑줄을 긋고 주어진 조건을 정리해 보시오.

- 3명의 좌석 번호: 연속하는 ☐ 자리 수
- 세 좌석 번호의 곱: ☐

해결 전략

연속하는 세 수 중 가장 작은 수를 예상하여 세 수의 곱을 구한 다음 그 값이 ☐과 같은지 확인해 봅니다.

풀이

① 세 수 중 가장 작은 수를 19라고 예상하여 세 수의 곱을 구하고 확인하기

② 세 좌석 번호는 몇 번인지 구하기

③ 세 좌석 번호 중 가장 큰 수와 가장 작은 수의 합 구하기

답

예상과 확인으로 해결하기

1

5×5, 10×10과 같이 같은 두 수를 곱하였더니 1444가 되었습니다. 이 수를 구하시오.

- 같은 두 수의 곱 1444에서 일의 자리 숫자가 4이므로 곱한 수의 일의 자리 숫자를 예상해 봅니다.
- $20 \times 20 = 400$, $30 \times 30 = 900$, $40 \times 40 = 1600$임을 이용하여 십의 자리 숫자를 예상해 봅니다.

2

곱이 10000에 가장 가까운 수가 되도록 □ 안에 알맞은 수를 구하시오.

해결전략 $300 \times 30 = 9000$임을 이용하여 □ 안에 알맞은 수를 예상해 봅니다.

3

미술관의 어른 입장료는 2500원이고, 어린이 입장료는 1800원입니다. 이 미술관에 30명이 입장하고 입장료로 61700원을 냈을 때 입장한 어른과 어린이는 각각 몇 명인지 구하시오.

어른의 수를 □명으로 예상하여 입장료를 구한 다음 그 값이 61700원과 같은지 확인해 봅니다.

바른답 • 알찬풀이 19쪽

다음을 읽고 아버지께서 사 오신 장미는 몇 송이인지 구하시오.

㉠ 150송이보다 많고 200송이보다 적습니다.
㉡ 10송이씩 묶었더니 9송이가 남았습니다.
㉢ 13송이씩 묶었더니 남지 않았습니다.

 ㉠과 ㉡을 만족하는 장미 수를 예상한 후 그 수를 13으로 나누어 봅니다.

어느 음료 가게에서는 레몬에이드 음료를 만들기 위해 한 병에 285 mL씩 들어 있는 레몬청과 한 병에 330 mL씩 들어 있는 탄산수를 모두 23병 사 왔습니다. 사 온 레몬청과 탄산수의 전체 양이 7050 mL일 때 레몬청과 탄산수를 각각 몇 병씩 사 왔는지 구하시오.

 레몬청의 수를 □병이라고 예상하여 전체 양을 구한 다음 그 값이 7050 mL와 같은지 확인해 봅니다.

예상과 확인으로 해결하기

6 서로 다른 숫자가 적힌 6장의 수 카드를 각각 두 번씩 사용하여 12자리 수를 만들려고 합니다. 만들 수 있는 12자리 수 중 가장 큰 수와 가장 작은 수의 차는 565410885534입니다. ㉠에 알맞은 숫자를 구하시오.

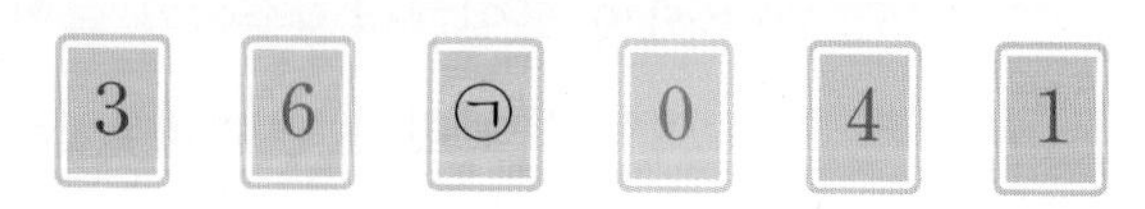

해결 전략 가장 작은 수의 맨 앞자리에는 0이 올 수 없고 가장 큰 수와 가장 작은 수의 차의 천억 자리 숫자가 5임을 이용하여 ㉠에 알맞은 숫자를 예상해 봅니다.

7 연속하는 한 자리 자연수 5개를 작은 수부터 차례로 쓰면 ㉠, ㉡, ㉢, ㉣, ㉤입니다. 소수 ㉠.㉡㉢과 ㉢.㉣㉤의 합이 9보다 크고 10보다 작을 때, ㉢.㉣㉤의 100배를 구하시오.

해결 전략 합이 9보다 크고 10보다 작은 두 소수의 일의 자리 숫자 ㉠과 ㉢을 예상해 봅니다.

8 밤 46개, 호두 75개, 땅콩 52개를 각각 몇 명에게 똑같이 나누어 주었더니 밤은 4개, 호두는 5개, 땅콩은 3개 남았습니다. 몇 명에게 나누어 주었습니까?

해결 전략 밤은 4개, 호두는 5개, 땅콩은 3개 남았으므로 나누어 준 밤은 42개, 호두는 70개, 땅콩은 49개입니다.

9

㉮, ㉯, ㉰, ㉱, ㉲, ㉳에 알맞은 숫자를 구하시오.

$$
\begin{array}{rrrr}
 & 5 & 4 & \text{㉮} \\
\times & & \text{㉯} & 6 \\
\hline
\text{㉰} & 2 & 8 & 2 \\
\text{㉱} & 4 & \text{㉲} & \\
\hline
8 & 7 & \text{㉳} & 2
\end{array}
$$

해결 전략 먼저 ㉮$\times$6의 일의 자리 숫자가 2가 되도록 ㉮에 알맞은 숫자를 예상해 봅니다.

10

주어진 5장의 수 카드를 한 번씩 모두 사용하여 다음 나눗셈식을 완성하시오.

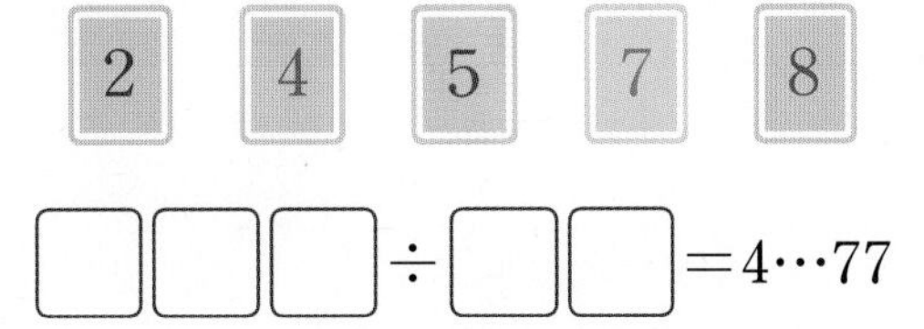

• 나머지가 77이므로 나누는 수는 77보다 큰 수임을 이용하여 나누는 수를 예상해 봅니다.

• 계산한 결과가 맞는지 확인하여 나누어지는 수를 알아봅니다.

도전, 창의사고력

나현이는 한 개의 주사위를 던져 나온 눈의 수를 점수로 얻는 게임을 하였습니다. 다음은 나현이가 주사위 25번을 던졌을 때 나온 주사위의 눈의 수를 막대그래프로 나타낸 것의 일부분입니다.

주사위의 눈이 나온 횟수

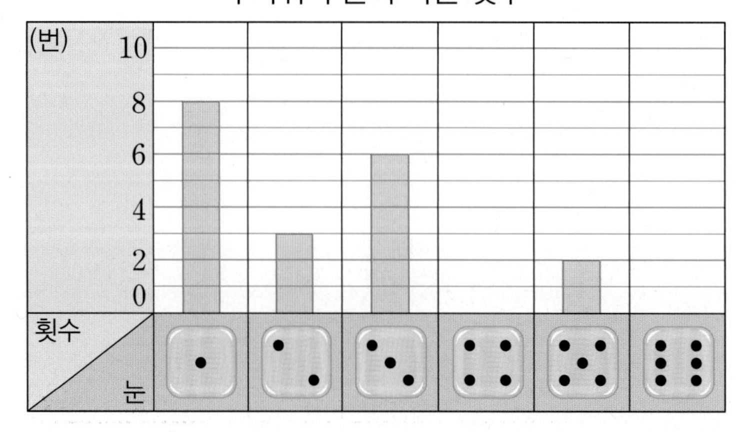

이 게임에서 나현이가 얻은 점수의 합이 68점이라고 할 때, 막대그래프를 완성하시오.

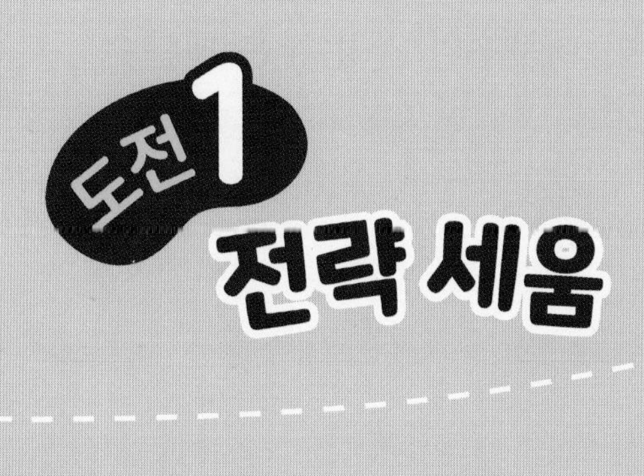

조건을 따져 해결하기

조건을 따져 해결하기

1 4장의 수 카드 중에서 2장을 골라 한 번씩만 사용하여 분모가 8인 대분수를 만들려고 합니다. 만들 수 있는 가장 큰 대분수와 가장 작은 대분수의 합을 구하시오.

2 5 7 4

문제 분석 구하려는 것에 밑줄을 긋고 주어진 조건을 정리해 보시오.

- 수 카드의 수: 2, □, □, □
- 만들려는 대분수의 분모: □

해결 전략

- 분모가 8인 대분수는 자연수 부분이 (클수록 , 작을수록), 자연수 부분이 같으면 분자가 (클수록 , 작을수록) 큰 수입니다.
- 가장 큰 대분수와 가장 작은 대분수를 만든 후 두 수의 합을 구합니다.

풀이

① 만들 수 있는 가장 큰 대분수와 가장 작은 대분수 구하기

수 카드의 수의 크기를 비교해 보면 □>□>□>□입니다.

- 가장 큰 수 □을 자연수 부분에 놓고 분모가 8인 가장 큰 대분수를 만들면 $\square\frac{\square}{8}$입니다.
- 가장 작은 수 □를 자연수 부분에 놓고 분모가 8인 가장 작은 대분수를 만들면 $\square\frac{\square}{8}$입니다.

② 만들 수 있는 가장 큰 대분수와 가장 작은 대분수의 합 구하기

(가장 큰 대분수)+(가장 작은 대분수)=□+□=□

답 □

바른답 • 알찬풀이 22쪽

2

6장의 수 카드를 한 번씩 모두 사용하여 분모가 11인 두 대분수를 만들었습니다. 만든 두 대분수의 차가 가장 클 때의 값을 구하시오.

9	5	11	3	10	11

문제 분석

구하려는 것에 밑줄을 긋고 주어진 조건을 정리해 보시오.

- 수 카드의 수: 9, 5, 11, ☐, ☐, ☐
- 만든 두 대분수의 분모: ☐

- 두 대분수의 차가 가장 크게 되려면 가장 큰 대분수에서 (둘째로 , 가장) 작은 대분수를 빼야 합니다.
- 차가 가장 크게 되도록 분모가 11인 두 대분수를 만든 후 두 수의 차를 구합니다.

풀이

❶ 차가 가장 크게 되는 분모가 11인 두 대분수 구하기

❷ 만든 두 대분수의 차가 가장 클 때의 값 구하기

답

조건을 따져 해결하기

3

오른쪽은 이등변삼각형 ㄱㄴㅁ과 마름모 ㄱㅁㄷㄹ을 겹치지 않게 이어 붙여 만든 사다리꼴입니다. 사다리꼴 ㄱㄴㄷㄹ의 네 변의 길이의 합은 몇 cm입니까?

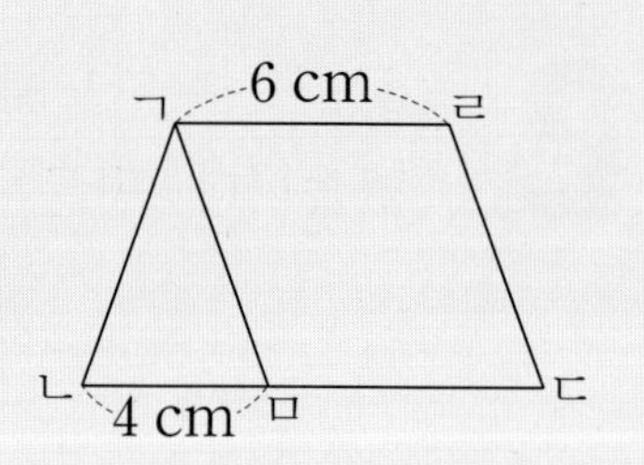

문제 분석

구하려는 것에 밑줄을 긋고 주어진 조건을 정리해 보시오.

- 삼각형 ㄱㄴㅁ: 이등변삼각형
- 사각형 ㄱㅁㄷㄹ: 마름모
- 변 ㄱㄹ의 길이: ☐ cm
- 변 ㄴㅁ의 길이: ☐ cm

해결 전략

- 마름모는 ☐ 변의 길이가 같음을 이용하여 변 ㅁㄷ과 변 ㄹㄷ의 길이를 구합니다.
- 이등변삼각형은 ☐ 변의 길이가 같음을 이용하여 변 ㄱㄴ의 길이를 구합니다.

풀이

❶ **변 ㅁㄷ과 변 ㄹㄷ의 길이는 각각 몇 cm인지 구하기**

사각형 ㄱㅁㄷㄹ은 마름모이므로

(변 ㅁㄷ의 길이)=(변 ㄹㄷ의 길이)=(변 ☐의 길이)

=(변 ☐의 길이)=☐ cm입니다.

❷ **변 ㄱㄴ의 길이는 몇 cm인지 구하기**

삼각형 ㄱㄴㅁ은 이등변삼각형이므로

(변 ㄱㄴ의 길이)=(변 ☐의 길이)=☐ cm입니다.

❸ **사다리꼴 ㄱㄴㄷㄹ의 네 변의 길이의 합은 몇 cm인지 구하기**

(변 ㄱㄴ의 길이)+(변 ㄴㅁ의 길이)+(변 ☐의 길이)

+(변 ☐의 길이)+(변 ㄱㄹ의 길이)

=☐+☐+☐+☐+☐=☐ (cm)

답 ☐ cm

바른답 • 알찬풀이 22쪽

4

오른쪽은 사다리꼴 ㄱㄴㄷㅁ과 삼각형 ㅁㄷㄹ을 겹치지 않게 이어 붙여 만든 평행사변형입니다. 사다리꼴 ㄱㄴㄷㅁ의 네 변의 길이의 합은 몇 cm입니까?

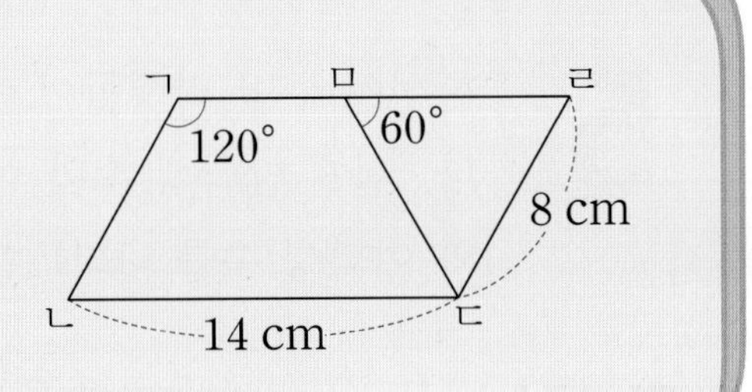

문제 분석

구하려는 것에 밑줄을 긋고 주어진 조건을 정리해 보시오.

- 사각형 ㄱㄴㄷㄹ: 평행사변형
- 각 ㄴㄱㄹ의 크기: 120°
- 각 ㄷㅁㄹ의 크기: ☐°
- 변 ㄴㄷ의 길이: ☐ cm
- 변 ㄷㄹ의 길이: ☐ cm

해결 전략

- 평행사변형은 이웃한 두 각의 크기의 합이 ☐°이고 마주 보는 ☐ 변의 길이가 같음을 이용하여 변 ㄱㄴ과 변 ㄱㅁ의 길이를 구합니다.
- 정삼각형은 세 각의 크기가 ☐°로 모두 같고 ☐ 변의 길이가 같음을 이용하여 변 ㅁㄷ의 길이를 구합니다.

풀이

❶ 변 ㅁㄷ의 길이는 몇 cm인지 구하기

❷ 변 ㄱㄴ과 변 ㄱㅁ의 길이는 각각 몇 cm인지 구하기

❸ 사다리꼴 ㄱㄴㄷㅁ의 네 변의 길이의 합은 몇 cm인지 구하기

답

5 현성이네 반 학생들이 좋아하는 간식을 조사하여 나타낸 막대그래프입니다. 전체 남학생 수와 여학생 수가 같을 때 햄버거를 좋아하는 남학생 수와 여학생 수를 나타내는 막대의 눈금은 몇 칸 차이가 납니까?

좋아하는 간식별 학생 수

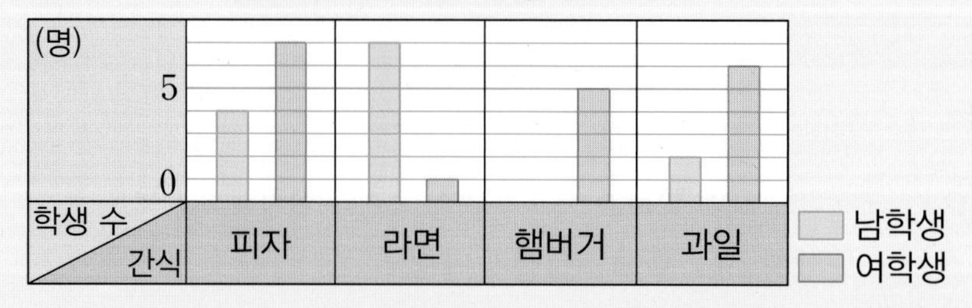

문제 분석 구하려는 것에 밑줄을 긋고 주어진 조건을 정리해 보시오.

- 좋아하는 간식별 학생 수를 나타낸 막대그래프
- 전체 남학생 수와 여학생 수가 같습니다.

해결 전략 눈금의 칸 수를 세어 전체 여학생 수를 구한 후 햄버거를 좋아하는 남학생 수를 구합니다.

풀이

❶ **현성이네 반 여학생은 몇 명인지 구하기**

(전체 여학생 수)=□(피자)+□(라면)+□(햄버거)+□(과일)=□(명)

❷ **햄버거를 좋아하는 남학생은 몇 명인지 구하기**

(전체 남학생 수)=(전체 여학생 수)=□명이므로

(햄버거를 좋아하는 남학생 수)=□−□(피자)−□(라면)−□(과일)=□(명)

❸ **햄버거를 좋아하는 남학생 수와 여학생 수를 나타내는 막대의 눈금은 몇 칸 차이가 나는지 구하기**

햄버거를 좋아하는 남학생은 □명이고 여학생은 □명이므로

막대의 눈금은 □−□=□(칸) 차이가 납니다.

답 □칸

바른답 • 알찬풀이 23쪽

6

달빛 어린이집의 반별 어린이 수를 조사하여 나타낸 막대그래프입니다. 전체 남자 어린이가 여자 어린이보다 7명 더 많다면 장미반 어린이는 모두 몇 명입니까?

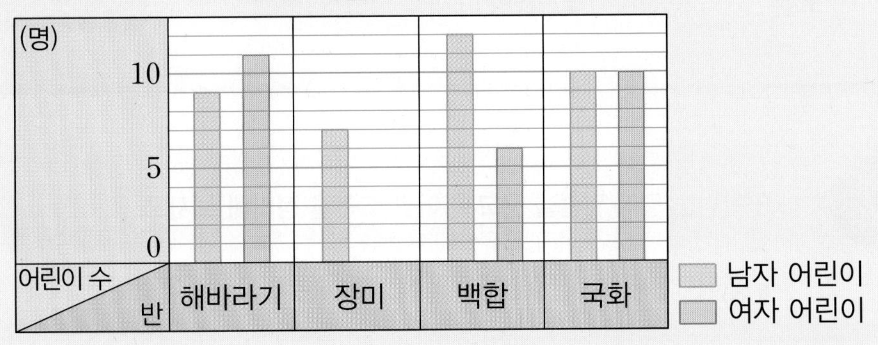

문제 분석

구하려는 것**에 밑줄을 긋고** 주어진 조건**을 정리해 보시오.**

• 달빛 어린이집의 반별 어린이 수를 나타낸 막대그래프

• 전체 남자 어린이가 여자 어린이보다 ☐명 더 많습니다.

해결 전략

눈금의 칸 수를 세어 전체 남자 어린이 수를 구한 후 장미반 여자 어린이 수를 구합니다.

풀이

1 전체 남자 어린이는 몇 명인지 구하기

2 장미반 여자 어린이는 몇 명인지 구하기

3 장미반 어린이는 모두 몇 명인지 구하기

답

조건을 따져 해결하기

7

떨어진 높이의 $\frac{1}{10}$만큼씩 튀어 오르는 공이 있습니다. 이 공을 72 m 높이의 건물 옥상에서 수직으로 떨어뜨렸습니다. 세 번째로 튀어 오른 공의 높이는 몇 m입니까?

문제 분석 구하려는 것에 밑줄을 긋고 주어진 조건을 정리해 보시오.

- 공이 다시 튀어 오르는 높이: 떨어뜨린 높이의 ☐
- 처음 공을 떨어뜨린 높이: ☐ m

해결 전략 공을 떨어뜨렸을 때 첫 번째, 두 번째, 세 번째로 튀어 오른 공의 높이를 각각 구합니다.

풀이

❶ **첫 번째로 튀어 오른 공의 높이는 몇 m인지 구하기**

첫 번째로 튀어 오른 공의 높이는 72 m의 $\frac{1}{10}$이므로 ☐ m입니다.

❷ **두 번째로 튀어 오른 공의 높이는 몇 m인지 구하기**

두 번째로 튀어 오른 공의 높이는 ☐ m의 $\frac{1}{10}$이므로 ☐ m입니다.

❸ **세 번째로 튀어 오른 공의 높이는 몇 m인지 구하기**

세 번째로 튀어 오른 공의 높이는 ☐ m의 $\frac{1}{10}$이므로 ☐ m입니다.

답 ☐ m

바른답 • 알찬풀이 23쪽

8

10분마다 담겨 있는 양의 $\frac{1}{10}$씩 물이 빠지는 물탱크가 있습니다. 이 비어 있는 물탱크에 300 L의 물을 담았다면 30분 후 물탱크에 남아 있는 물은 몇 L입니까?

문제 분석

구하려는 것에 밑줄을 긋고 주어진 조건을 정리해 보시오.

• 10분마다 빠지는 물의 양: 담겨 있는 양의 ☐

• 물탱크에 담은 물의 양: ☐ L

해결 전략

10분 후, 20분 후, 30분 후 물탱크에 남아 있는 물의 양을 각각 구합니다.

풀이

① 10분 후 물탱크에 남아 있는 물은 몇 L인지 구하기

② 20분 후 물탱크에 남아 있는 물은 몇 L인지 구하기

③ 30분 후 물탱크에 남아 있는 물은 몇 L인지 구하기

답

적용하기

조건을 따져 해결하기

1 다음 소수의 뺄셈식에서 □ 안에 2, 8, 5, 7, 3, 9를 한 번씩 모두 넣어서 계산하려고 합니다. 계산 결과가 가장 작게 되는 식을 만들었을 때 그 값을 구하시오.

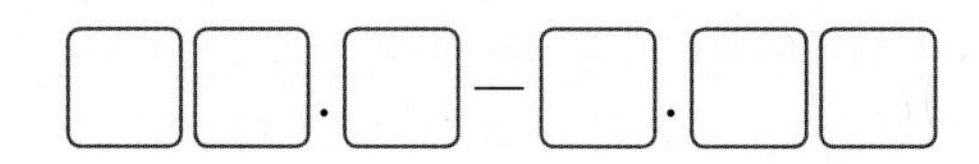

해결 전략 계산 결과가 가장 작게 되려면 (가장 작은 □□.□)−(가장 큰 □.□□)을 구합니다.

2 0부터 9까지의 수 중에서 ㉠과 ㉡에 들어갈 수 있는 수는 모두 몇 쌍입니까?

5㉠7890127306 > 57789012㉡306

해결 전략 두 수 5㉠7890127306, 57789012㉡306의 자릿수가 같으므로 가장 높은 자리의 수부터 비교하여 들어갈 수 있는 수는 모두 몇 쌍인지 구합니다.

3 오른쪽 사각형 ㄱㄴㄷㄹ은 직사각형이고 선분 ㄱㅁ과 선분 ㅁㄹ은 서로 수직입니다. 각 ㅁㄱㄴ의 크기를 구하시오.

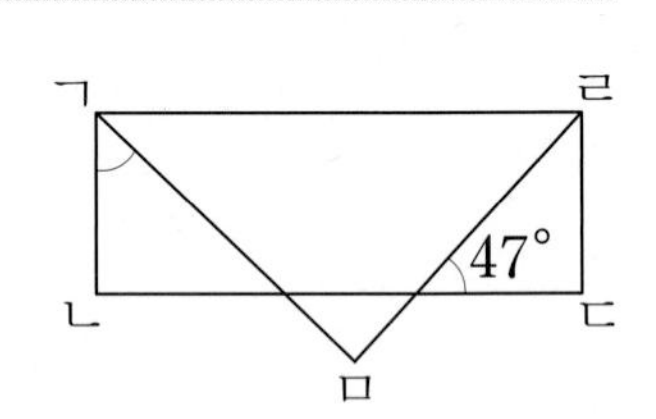

해결 전략 직사각형은 네 각의 크기가 모두 직각이고 선분 ㄱㅁ과 선분 ㅁㄹ은 서로 수직이므로 각 ㄱㅁㄹ은 직각입니다.

바른답 • 알찬풀이 23쪽

4 성민이는 5장의 분수 카드 중 3장을 골라 □ 안에 한 번씩 넣어 식을 완성하였습니다. 계산 결과가 가장 크게 되는 식을 만들었을 때 그 값을 구하시오.

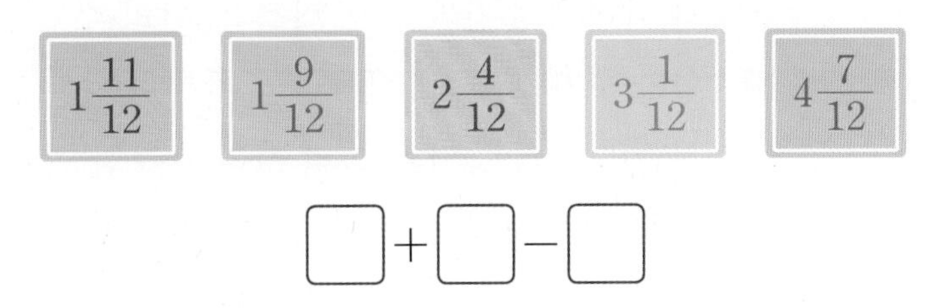

해결 전략 계산 결과가 가장 크려면 더하는 수는 가능한 크게, 빼는 수는 가능한 작게 합니다.

5 미경이네 집에서 키우는 식물의 키를 매월 1일에 조사하여 나타낸 꺾은선그래프입니다. 이 꺾은선그래프를 세로 눈금 한 칸의 크기가 0.1 cm인 꺾은선그래프로 다시 그린다면 두 식물의 키의 차가 가장 클 때 세로 눈금은 몇 칸 차이가 납니까?

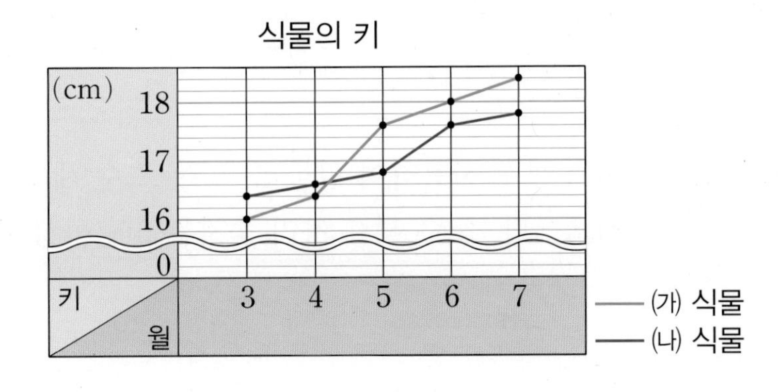

해결 전략 두 식물의 키의 차가 가장 클 때는 두 꺾은선이 가장 많이 벌어진 때입니다.

6 조건을 만족하는 수 중에서 가장 작은 수를 구하시오.

㉠ 각 자리의 숫자가 서로 다른 10자리 수입니다.
㉡ 천만의 자리 숫자는 4, 만의 자리 숫자는 7입니다.
㉢ 천만의 자리 숫자와 십의 자리 숫자의 합은 9입니다.
㉣ 억의 자리 숫자는 백의 자리 숫자의 4배입니다.

해결 전략 10자리 수이고 서로 다른 숫자이므로 4, 7을 자리의 수에 놓고 조건에 알맞은 가장 작은 수를 구합니다.

7 오른쪽 삼각형 ㄱㄴㄷ과 삼각형 ㄴㄷㄹ은 이등변삼각형입니다. 각 ㄱㄴㄹ의 크기는 몇 도입니까?

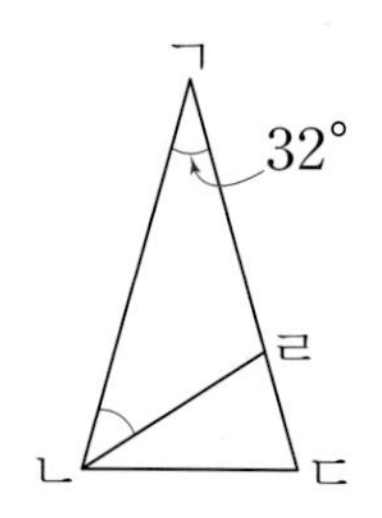

해결 전략 이등변삼각형은 길이가 같은 두 변과 함께 하는 두 각의 크기가 같음을 이용하여 각 ㄱㄴㄹ의 크기를 구합니다.

8 카드 6장을 한 번씩 모두 사용하여 만들 수 있는 소수 세 자리 수 중 60에 가장 가까운 수를 구하시오. (단, 소수 셋째 자리 숫자는 0이 아닙니다.)

해결 전략 60보다 크면서 60에 가장 가까운 수와 60보다 작으면서 60에 가장 가까운 수를 각각 구하여 비교합니다.

9 오른쪽은 마름모와 정사각형을 겹치지 않게 이어 붙인 것입니다. 각 ㅂㅁㄱ의 크기를 구하시오.

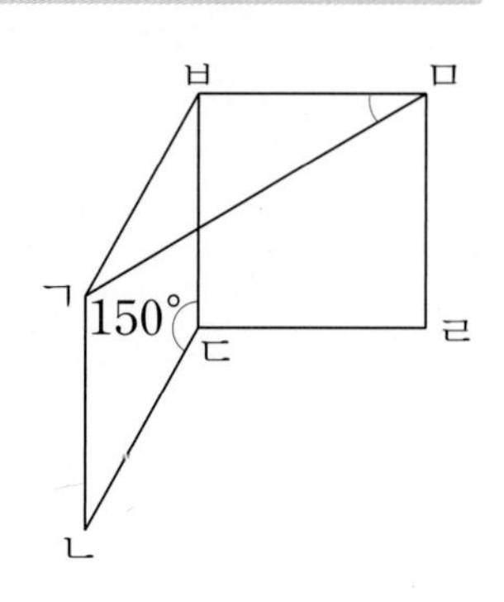

해결 전략 마름모에서 이웃하는 두 각의 크기의 합은 180°임을 이용하여 각 ㅂㅁㄱ의 크기를 구합니다.

10 빛을 거울에 비추면 빛이 들어가는 방향과 다른 방향으로 빛이 반사됩니다. 빛이 거울에서 반사될 때 입사각과 반사각의 크기는 항상 같습니다. 두 거울이 평행으로 마주 보게 놓여 있을 때 그림과 같이 같은 지점에서 두 종류의 빛을 쏘았다면 ㉠의 각도를 구하시오.

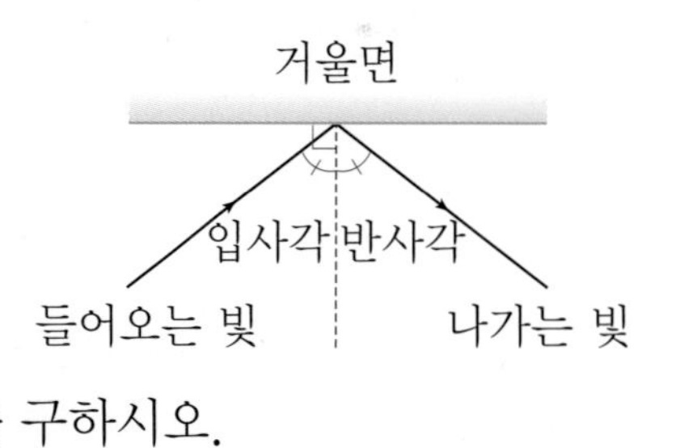

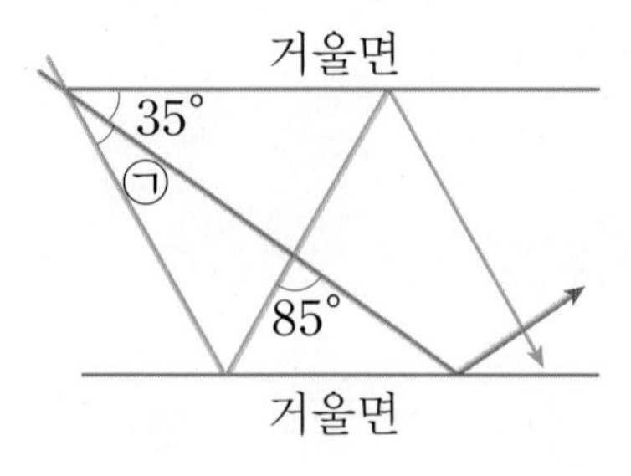

해결 전략 입사각의 크기와 반사각의 크기가 같고, 삼각형의 세 각의 크기의 합은 180°임을 이용하여 해결합니다.

도전, 창의사고력

놀이공원에서 1부터 45까지의 수가 쓰인 공 45개 중 6개를 뽑아 다음과 같은 방법으로 선물을 주는 행사를 하고 있습니다. 예나와 지한이가 받을 선물은 각각 무엇인지 구하시오.

방법

• 뽑은 공 6개로 가장 큰 수와 가장 작은 수 만들기

뽑은 공: 24, 35, 17, 8, 42, 26

뽑은 공에 쓰인 수를 이어 붙여 왼쪽부터 차례로 써 수를 만듭니다.

가장 큰 수: 8, 42, 35, 26, 24, 17 ➡ 84235262417

가장 작은 수: 17, 24, 26, 35, 42, 8 ➡ 17242635428

• 만든 가장 큰 수와 가장 작은 수의 백만의 자리 숫자의 합 구하기

➡ $5+2=7$

• 구한 합에 해당하는 선물 받기

합	6보다 작은 수	6부터 11까지의 수	12부터 18까지의 수
선물	사탕	장난감 자동차	인형

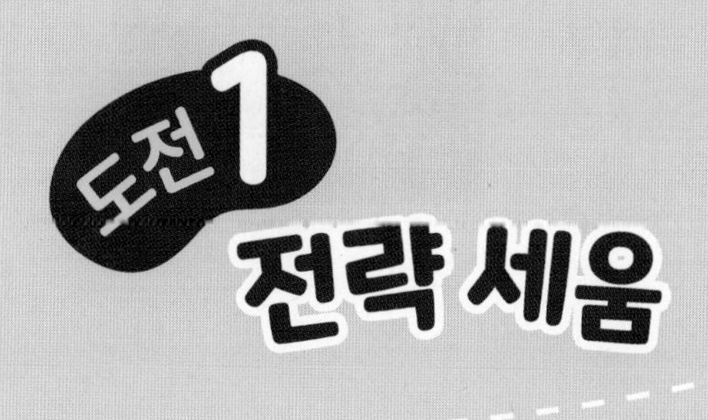

단순화 하여 해결하기

1 어느 건물 아래에서 위로 올려다 보았더니 오른쪽과 같은 다각형이 보였습니다. 이 다각형에 그을 수 있는 대각선은 모두 몇 개입니까?

문제 분석 구하려는 것에 밑줄을 긋고 주어진 조건을 정리해 보시오.

주어진 다각형

해결 전략 사각형, 오각형, 육각형에 그을 수 있는 대각선의 수를 구한 후 문제를 단순화하여 주어진 다각형에 그을 수 있는 대각선의 수를 구합니다.

풀이

① 주어진 다각형의 이름 알아보기

변이 □개인 다각형이므로 □입니다.

② 사각형, 오각형, 육각형에 대각선을 모두 그어 보고 대각선은 각각 몇 개인지 구하기

- 사각형의 대각선은 □개입니다.
- 오각형의 대각선은 □개입니다. ➡ □$=2+$□
- 육각형의 대각선은 □개입니다. ➡ □$=2+3+$□

③ 주어진 다각형에 그을 수 있는 대각선은 모두 몇 개인지 구하기

(칠각형의 대각선의 수)$=2+$□$+$□$+$□$=$□(개)

(팔각형의 대각선의 수)$=2+$□$+$□$+$□$+$□$=$□(개)

따라서 주어진 다각형에 그을 수 있는 대각선은 모두 □개입니다.

답 □개

바른답 • 알찬풀이 25쪽

2

희원이는 길이가 108 cm인 철사를 남김없이 모두 사용하여 한 변의 길이가 9 cm인 정다각형을 만들었습니다. 희원이가 만든 정다각형에 그을 수 있는 대각선은 모두 몇 개입니까?

문제 분석

구하려는 것에 밑줄을 긋고 주어진 조건을 정리해 보시오.

- 사용한 철사의 길이: □ cm
- 만든 정다각형의 한 변의 길이: □ cm

해결 전략

- 정다각형은 변의 길이가 모두 (같으므로 , 다르므로) 희원이가 만든 정다각형은 9 cm인 변이 몇 개인지 알아봅니다.
- 문제를 단순화하여 정다각형의 대각선의 수를 구합니다.

풀이

1 희원이가 만든 정다각형의 이름 알아보기

2 희원이가 만든 정다각형에 그을 수 있는 대각선은 모두 몇 개인지 구하기

답

단순화하여 해결하기

3

오른쪽 그림에서 찾을 수 있는 크고 작은 예각은 모두 몇 개입니까?

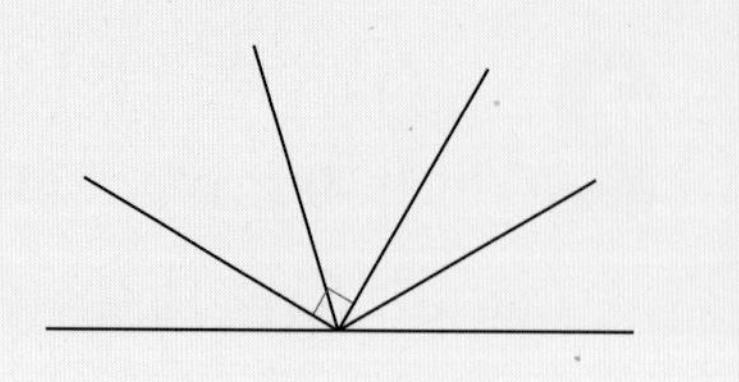

문제 분석

구하려는 것에 밑줄을 긋고 주어진 조건을 정리해 보시오.

직선을 5개의 각으로 나눈 그림

해결 전략

예각은 각도가 0°보다 크고 ☐°보다 작은 각이므로 각 1개짜리, 각 2개짜리……로 나누어 크고 작은 예각을 찾아 세어 봅니다.

풀이

그림에 다음과 같이 각각 번호를 씁니다.

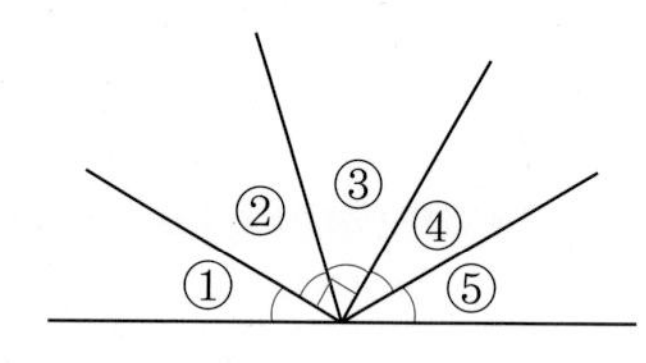

❶ 각 1개짜리 예각은 몇 개인지 세기

각 1개짜리 예각은 ①, ②, ③, ☐, ☐로 ☐개입니다.

❷ 각 2개짜리 예각은 몇 개인지 세기

각 2개짜리 예각은 ①+②, ③+④, ☐+☐로 ☐개입니다.

②+③은 ☐°이므로 예각이 (맞습니다 , 아닙니다).

❸ 그림에서 찾을 수 있는 크고 작은 예각은 모두 몇 개인지 구하기

각 3개짜리, 각 4개짜리, 각 5개짜리 중 예각은 (있습니다 , 없습니다).

따라서 찾을 수 있는 크고 작은 예각은 모두 ☐+☐=☐(개)입니다.

답 ☐개

바른답 • 알찬풀이 26쪽

오른쪽 그림에서 찾을 수 있는 크고 작은 둔각은 모두 몇 개입니까?

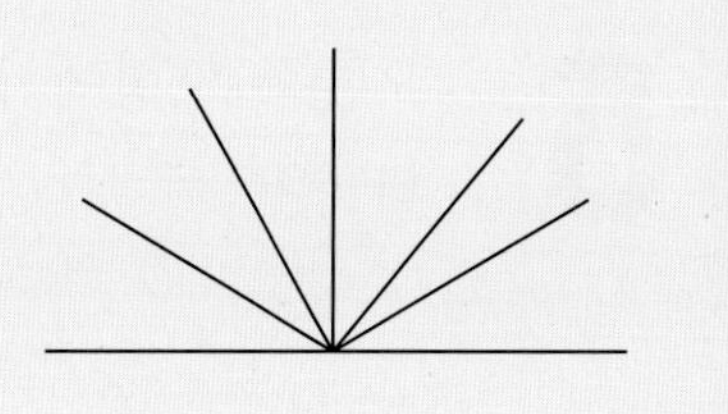

문제 분석

구하려는 것에 밑줄을 긋고 주어진 조건을 정리해 보시오.

직선을 6개의 각으로 나눈 그림

해결 전략

둔각은 각도가 직각보다 크고 □°보다 작은 각이므로 각 3개짜리, 각 4개짜리……로 나누어 크고 작은 둔각을 찾아 세어 봅니다.

풀이

① 각 3개, 4개, 5개짜리 둔각은 각각 몇 개인지 세기

② 그림에서 찾을 수 있는 크고 작은 둔각은 모두 몇 개인지 구하기

답

5

오른쪽 도형에서 ㉠, ㉡, ㉢의 각도의 합은 몇 도입니까?

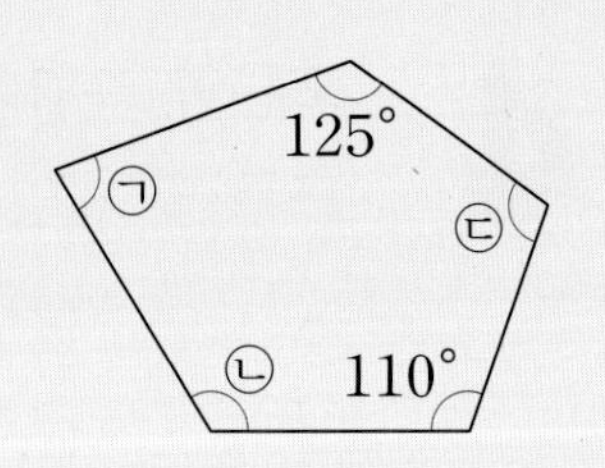

문제 분석

구하려는 것에 밑줄을 긋고 주어진 조건을 정리해 보시오.

- 주어진 도형: 오각형
- 주어진 각의 크기: 125°, ☐°

해결 전략

주어진 도형을 삼각형이나 사각형으로 나누어 모든 각의 크기의 합을 구한 후 ㉠, ㉡, ㉢의 각도의 합을 구합니다.

풀이

① 도형에 선을 그어 삼각형이나 사각형으로 나누기

주어진 도형은 오각형이고 삼각형 ☐개와 사각형 ☐개로 나눌 수 있습니다.

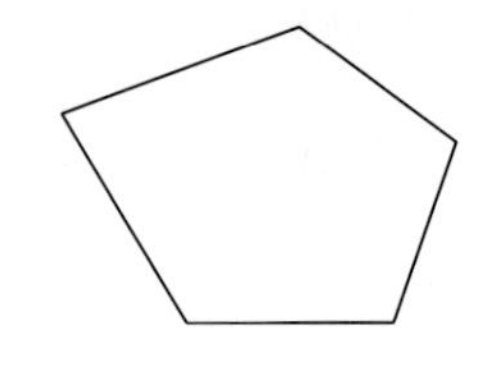

② 모든 각의 크기의 합은 몇 도인지 구하기

삼각형의 세 각의 크기의 합은 ☐°이고

사각형의 네 각의 크기의 합은 ☐°입니다.

➡ (모든 각의 크기의 합)=☐°+☐°=☐°

③ ㉠, ㉡, ㉢의 각도의 합은 몇 도인지 구하기

125°+㉠+㉡+110°+㉢=☐°이므로

㉠+㉡+㉢=☐°−☐°−110°=☐°입니다.

답 ☐°

바른답 • 알찬풀이 26쪽

6

오른쪽 도형에서 ㉠, ㉡, ㉢의 각도의 합은 몇 도입니까?

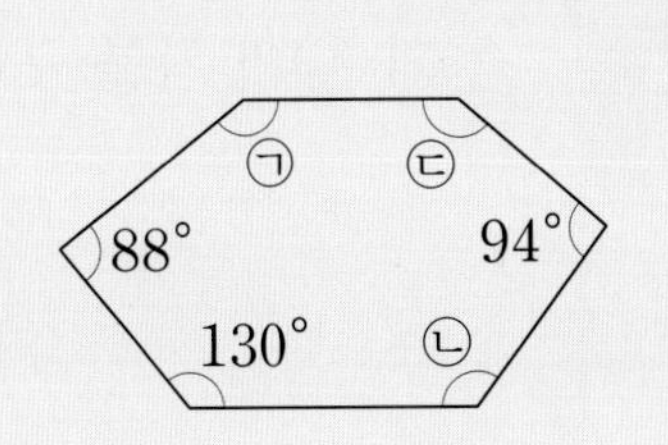

구하려는 것에 밑줄을 긋고 주어진 조건을 정리해 보시오.

• 주어진 도형: 육각형

• 주어진 각의 크기: 88°, ☐°, ☐°

해결 전략

주어진 도형을 삼각형이나 사각형으로 나누어 모든 각의 크기의 합을 구한 후 ㉠, ㉡, ㉢의 각도의 합을 구합니다.

풀이

❶ 도형에 선을 그어 삼각형이나 사각형으로 나누기

❷ 모든 각의 크기의 합은 몇 도인지 구하기

❸ ㉠, ㉡, ㉢의 각도의 합은 몇 도인지 구하기

답

1 ㉠과 ㉡의 차를 구하시오.

> ㉠ 1부터 100까지의 수의 합
> ㉡ 201부터 300까지의 수의 합

해결 전략 1과 201, 2와 202……, 100과 300의 차를 이용하여 ㉠과 ㉡의 차를 구합니다.

2 축구공에서 찾은 정오각형의 한 각의 크기와 정육각형의 한 각의 크기의 차는 몇 도입니까?

해결 전략 정다각형은 모든 각의 크기가 같으므로 (정오각형의 한 각의 크기)=(모든 각의 크기의 합)÷5, (정육각형의 한 각의 크기)=(모든 각의 크기의 합)÷6입니다.

3 호수 둘레에 원 모양의 산책로가 있습니다. 936 m인 산책로에 24 m 간격으로 가로등을 세운다면 필요한 가로등은 몇 개입니까? (단, 가로등의 폭은 생각하지 않습니다.)

해결 전략 먼저 거리가 48 m, 72 m인 원 모양의 산책로에 세우는 가로등 수를 구해 봅니다.

바른답 • 알찬풀이 27쪽

4 직선 가와 나는 서로 평행합니다. ㉠의 각도는 몇 도입니까?

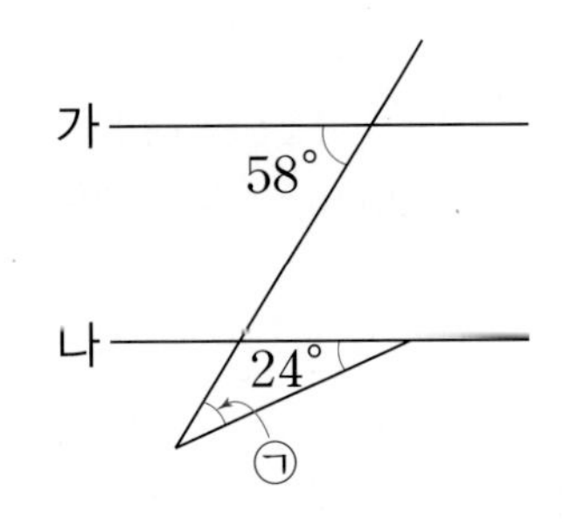

해결 전략 수선을 그어 삼각형 또는 사각형을 만들어 봅니다.

5 도형에서 ㉮, ㉯, ㉰, ㉱, ㉲, ㉳의 각도의 합은 몇 도입니까?

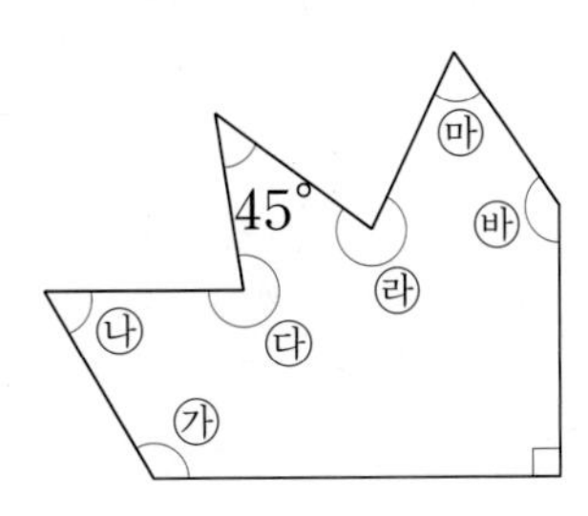

해결 전략 삼각형의 세 각의 크기의 합은 $180°$이고 사각형의 네 각의 크기의 합은 $360°$이므로 도형을 삼각형이나 사각형으로 나누어 모든 각의 크기의 합을 구합니다.

6 주어진 식의 계산 결과를 구하시오.

$$11111111 \times 11111111$$

해결 전략 $1 \times 1 = 1$, $11 \times 11 = 121$……과 같이 간단한 곱셈식에서 규칙을 찾아봅니다.

7 공장에서 통나무를 일정한 간격으로 자르는 기계가 있습니다. 이 기계가 통나무를 한 번 자르는 데 3초가 걸립니다. 길이가 7 m인 통나무를 25 cm 간격으로 자르는 데 걸리는 시간은 몇 초입니까?

해결 전략 먼저 길이가 50 cm와 75 cm인 통나무를 25 cm 간격으로 잘랐을 때 생기는 도막 수와 자르는 횟수를 구해 봅니다.

8 0.4보다 크고 0.7보다 작은 소수 세 자리 수 중에서 소수 셋째 자리 숫자가 소수 둘째 자리 숫자보다 더 큰 수는 모두 몇 개입니까?

해결 전략 소수 첫째 자리 숫자가 4인 소수 세 자리 수 중에서 조건에 맞는 수는 몇 개인지 알아봅니다.

바른답 • 알찬풀이 27쪽

9 도형에서 찾을 수 있는 크고 작은 마름모는 모두 몇 개입니까?

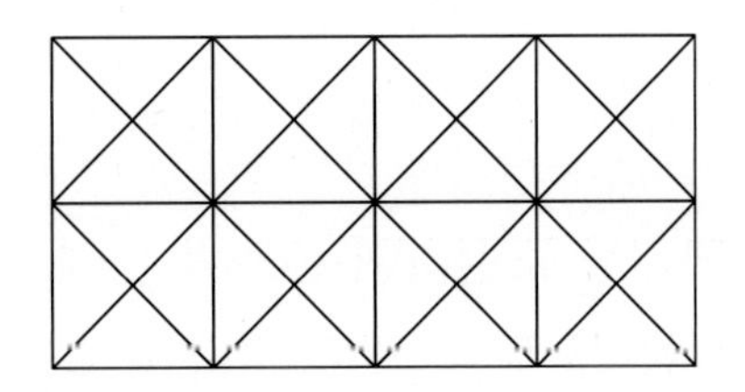

해결 전략 작은 삼각형 2개, 4개, 8개, 16개로 이루어진 마름모의 모양과 그 수를 알아봅니다.

10 한 변의 길이가 30 cm인 정삼각형을 남는 부분이 없도록 오려서 한 변의 길이가 3 cm인 정삼각형을 여러 개 만들려고 합니다. 한 변의 길이가 3 cm인 정삼각형은 모두 몇 개 만들 수 있습니까?

해결 전략 먼저 한 변의 길이가 6 cm, 9 cm인 정삼각형을 오려서 만들 수 있는 작은 정삼각형의 수를 구해 봅니다.

도전, 창의사고력

카메라에는 구멍의 크기를 조절하여 렌즈를 통과하는 빛의 양을 조절하는 장치인 조리개가 있습니다. 사진을 찍을 때 적절하게 빛의 양을 조절하지 못하면 사진을 현상했을 때 사진이 너무 어둡거나 너무 밝게 나오게 됩니다.

카메라 조리개가 열릴 때 아래와 같이 정팔각형 모양이 생깁니다. 이 도형에서 표시한 각의 크기의 합을 구하시오.

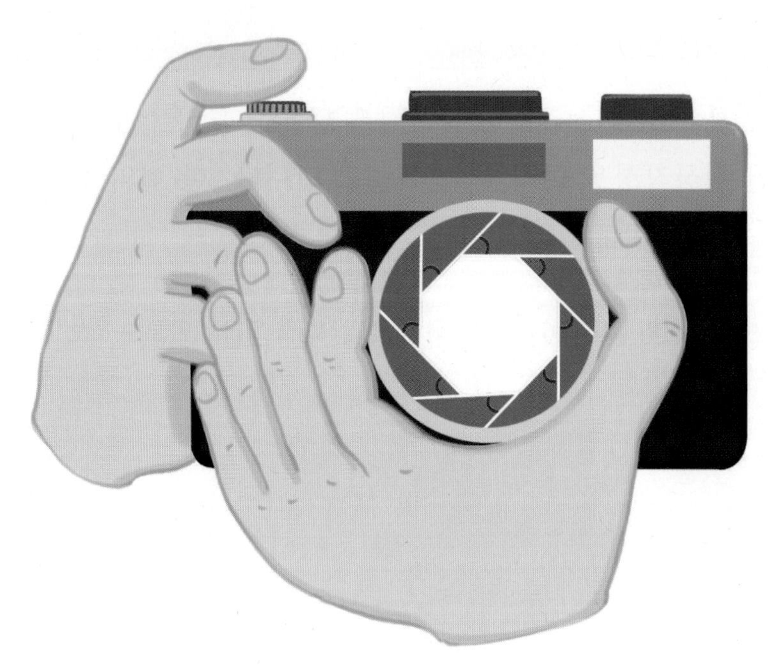

도전 2 전략 이룸 60제

해결 전략 완성으로 문장제·서술형 고난도 유형 도전하기

"나의 공부 계획"

	쪽수	공부한 날	확인
1~10번	108 ~ 109쪽	월 일	
	110 ~ 111쪽	월 일	
11~20번	112 ~ 113쪽	월 일	
	114 ~ 115쪽	월 일	
21~30번	116 ~ 117쪽	월 일	
	118 ~ 119쪽	월 일	
31~40번	120 ~ 121쪽	월 일	
	122 ~ 123쪽	월 일	
41~50번	124 ~ 125쪽	월 일	
	126 ~ 127쪽	월 일	
51~60번	128 ~ 129쪽	월 일	
	130 ~ 131쪽	월 일	

전략 이룸 60제

바른답 • 알찬풀이 29쪽

규칙을 찾아 해결하기

1 돌리기를 이용하여 도형을 만들었습니다. 빈 곳에 알맞은 도형을 그려 보시오.

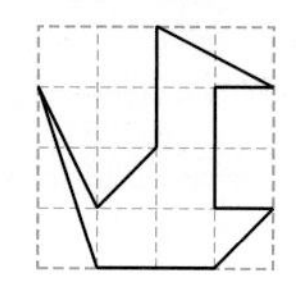 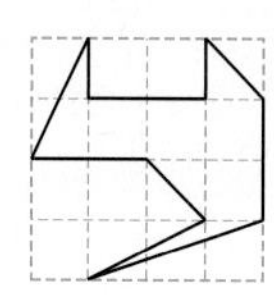 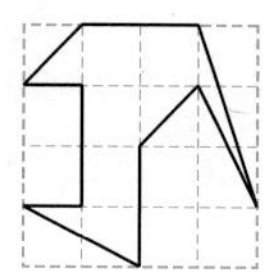 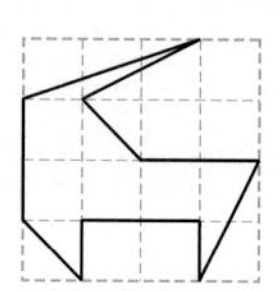  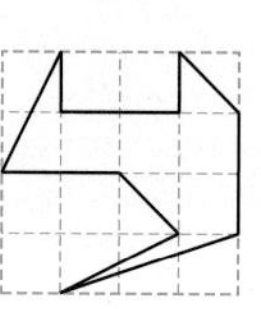

거꾸로 풀어 해결하기

2 □ 안에 알맞은 수를 구하시오.

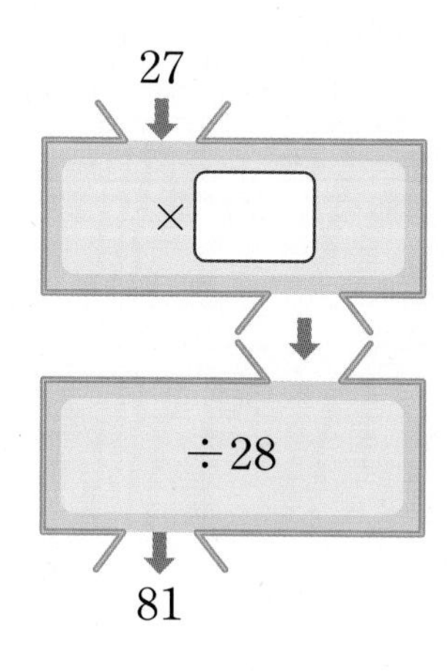

조건을 따져 해결하기

3 조건을 만족하는 가장 작은 수를 구하시오.

- 12자리 수이고 숫자 0이 6개 있습니다.
- 가장 높은 자리의 숫자는 나머지 자리의 숫자를 모두 더한 것과 같습니다.

조건을 따져 해결하기

4 0부터 9까지의 수 중에서 ㉠, ㉡, ㉢, ㉣, ㉤에 알맞은 수들의 합을 구하시오.

8.3㉠8 < 8.30㉡ < ㉢.087 < ㉣.0㉤

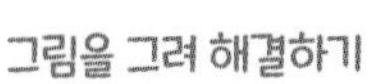

5 오른쪽은 현재 시각입니다. 40분 후 시계의 긴바늘과 짧은바늘이 이루는 작은 쪽의 각의 크기를 구하시오.

바른답 • 알찬풀이 29쪽

거꾸로 풀어 해결하기

6 어떤 수의 $\frac{1}{100}$인 수는 10이 6개, 1이 23개, 0.01이 16개, 0.001이 34개인 수와 같습니다. 어떤 수를 구하시오.

식을 만들어 해결하기

7 왼쪽은 어느 피자 가게의 요일별 피자 판매량을 나타낸 표이고, 오른쪽은 월요일부터 금요일까지 누적 피자 판매량을 나타낸 꺾은선그래프입니다. ㉠에 알맞은 수를 구하시오.

요일별 피자 판매량

요일	월	화	수	목	금
판매량(판)	24	22	㉠	19	30

누적 피자 판매량

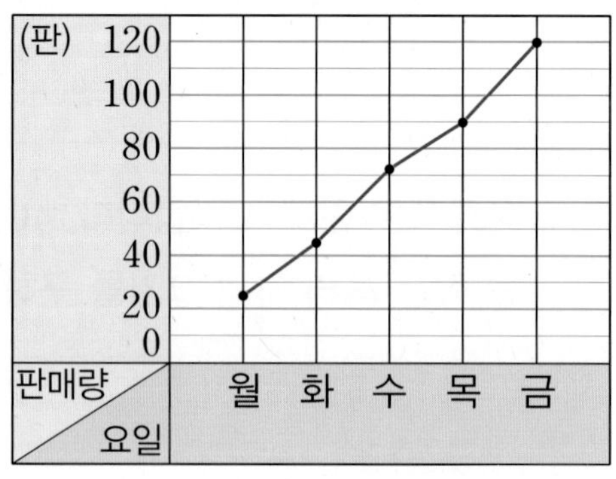

조건을 따져 해결하기

8 □ 안에 알맞은 수를 써넣으시오.

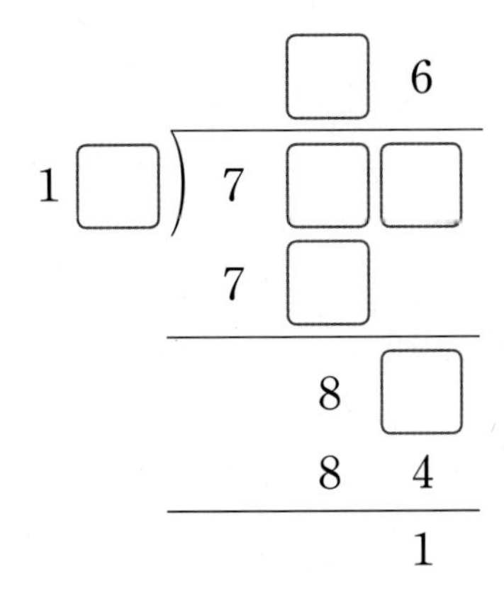

거꾸로 풀어 해결하기

9 어떤 수에서 100만씩 커지도록 5번 뛰어 센 다음 만씩 커지도록 3번 뛰어 세면 8250000입니다. 어떤 수를 구하시오.

규칙을 찾아 해결하기

10 도형의 배열을 보고 규칙을 찾아 점을 알맞게 그려 보시오.

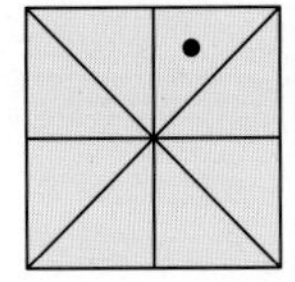 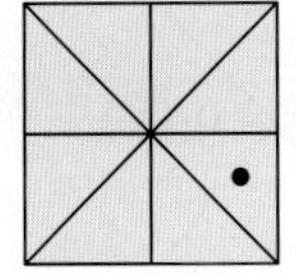 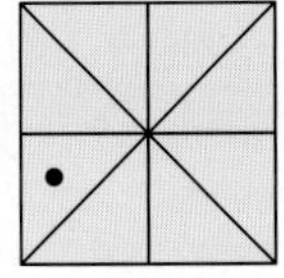 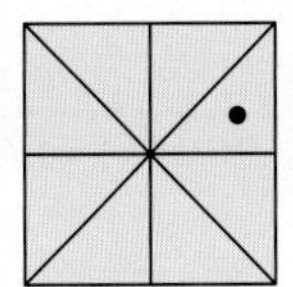 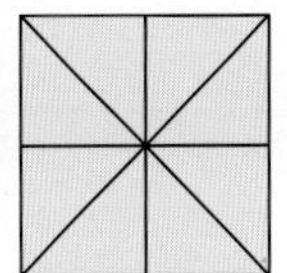 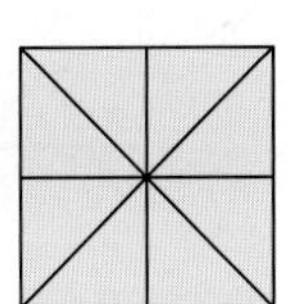

바른답 • 알찬풀이 30쪽

식을 만들어 해결하기

11 47로 나누었을 때 몫이 가장 크고 나머지가 33이 되는 세 자리 수를 구하시오.

식을 만들어 해결하기

12 길이가 97 cm인 철사를 사용하여 한 변이 6 cm인 정구각형과 한 변이 5 cm인 정다각형을 1개씩 만들었더니 철사가 3 cm 남았습니다. 한 변이 5 cm인 정다각형의 이름은 무엇입니까?

그림을 그려 해결하기

13 도형에서 각 ㄴㄷㄹ의 크기는 몇 도입니까?

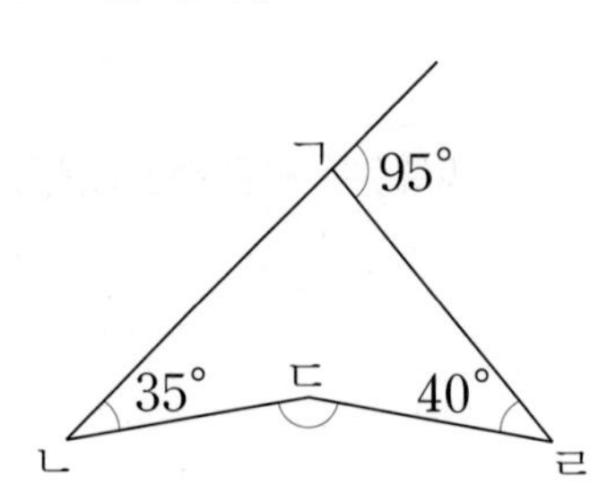

단순화하여 해결하기

14 다음은 정사각형 20개로 만든 직사각형입니다. 그림에서 찾을 수 있는 크고 작은 정사각형 중 ♥를 반드시 포함하는 정사각형은 모두 몇 개입니까?

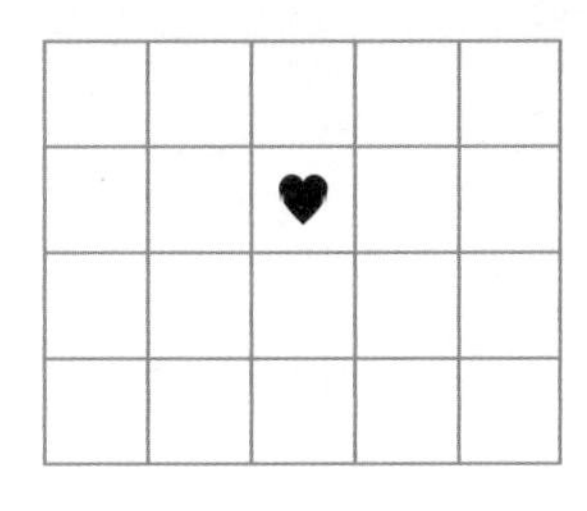

조건을 따져 해결하기

15 소희와 동훈이의 키를 매년 9월에 조사하여 나타낸 꺾은선그래프입니다. 소희와 동훈이의 키가 같은 때는 모두 몇 번입니까?

소희와 동훈이의 키

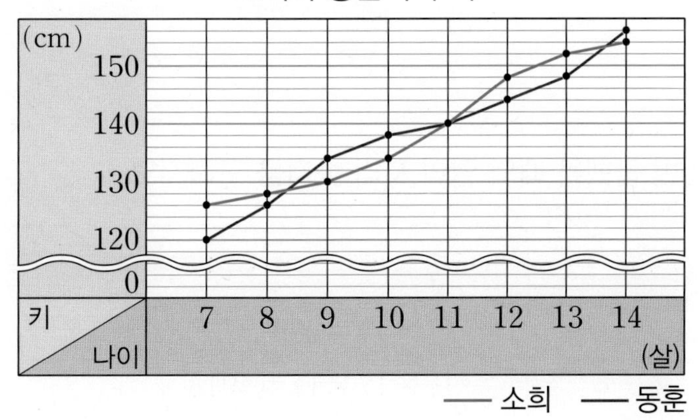

바른답 • 알찬풀이 31쪽

조건을 따져 해결하기

16 삼각형 ㄱㄴㄷ은 직각삼각형이고, 삼각형 ㄹㄴㄷ은 이등변삼각형입니다. 삼각형 ㄱㄴㄹ의 세 변의 길이의 합은 몇 cm입니까?

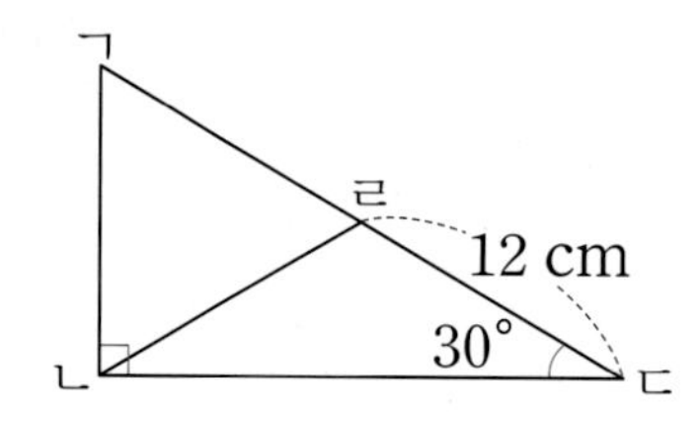

조건을 따져 해결하기

17 □ 안에 들어갈 수 있는 자연수는 모두 몇 개입니까?

$$5\frac{5}{8}+4\frac{\square}{8}<10\frac{3}{8}$$

규칙을 찾아 해결하기

18 17을 70번 곱했을 때의 일의 자리 숫자를 구하시오.

17
$17\times17=289$
$17\times17\times17=4913$
$17\times17\times17\times17=83521$
$17\times17\times17\times17\times17=1419857$

문제풀이 동영상

표를 만들어 해결하기

19 준호가 매일 윗몸일으키기를 한 횟수를 조사하여 나타낸 막대그래프입니다. 1일부터 6일까지 6일 동안 윗몸일으키기를 한 횟수가 모두 162번일 때 6일에는 윗몸일으키기를 몇 번 하였습니까?

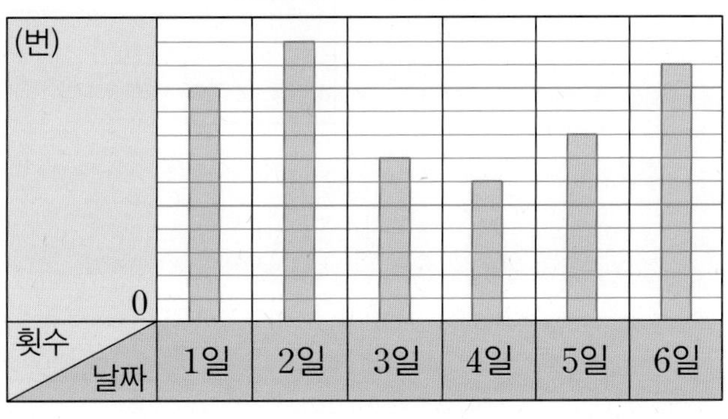

단순화하여 해결하기

20 두 직각 삼각자를 그림과 같이 겹쳐 놓았을 때 ㉠의 각도를 구하시오.

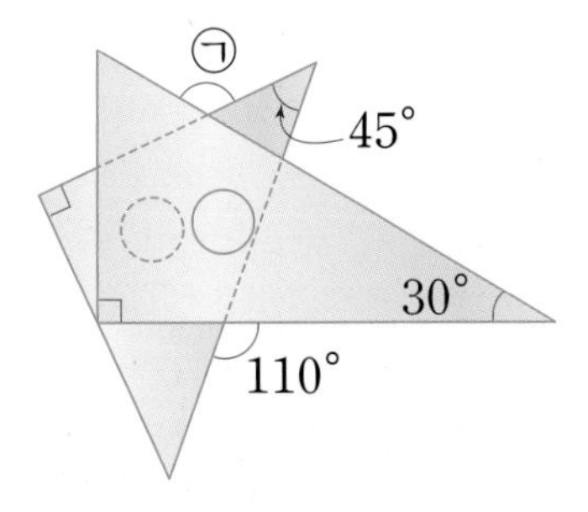

바른답 • 알찬풀이 31쪽

단순화하여 해결하기

21 직사각형 모양의 종이를 그림과 같이 잘랐습니다. 자른 종이에서 굵은 선의 길이는 몇 cm입니까?

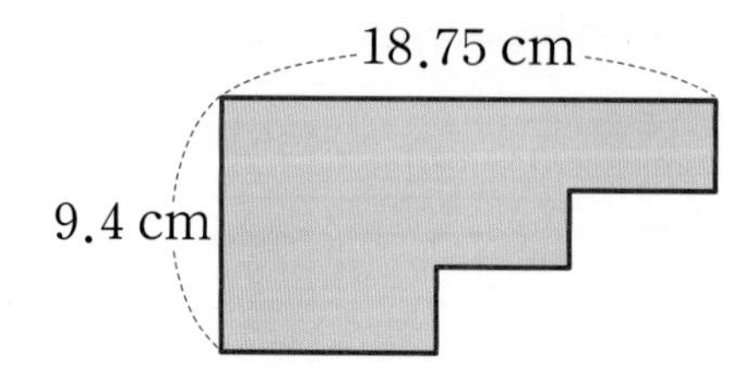

식을 만들어 해결하기

22 어떤 일을 하는 데 승윤이는 하루에 전체의 $\frac{2}{15}$만큼을, 은정이는 하루에 전체의 $\frac{1}{15}$만큼을 합니다. 승윤이가 먼저 일을 시작하여 은정이와 하루씩 번갈아가며 일을 한다면 며칠 만에 끝낼 수 있습니까?

식을 만들어 해결하기

23 5장의 카드를 한 번씩 모두 사용하여 만들 수 있는 소수 세 자리 수 중에서 1보다 작은 모든 수들의 합을 구하시오.

0　1　3　4　.

예상과 확인으로 해결하기

24 오늘 형의 저금통에는 4500원, 동생의 저금통에는 30000원이 들어 있습니다. 내일부터 매일 형은 1000원씩, 동생은 500원씩 저금하려고 합니다. 두 사람의 저금액이 같아지는 때는 오늘부터 며칠 후입니까?

거꾸로 풀어 해결하기

25 오른쪽 도형은 어떤 도형을  의 순서로 움직인 것입니다. 처음 도형을 그려 보시오.

보기

① 시계 방향으로 90°만큼 돌리기

② 아래쪽으로 뒤집기

③ 시계 반대 방향으로 180°만큼 돌리기

④ 오른쪽으로 뒤집기

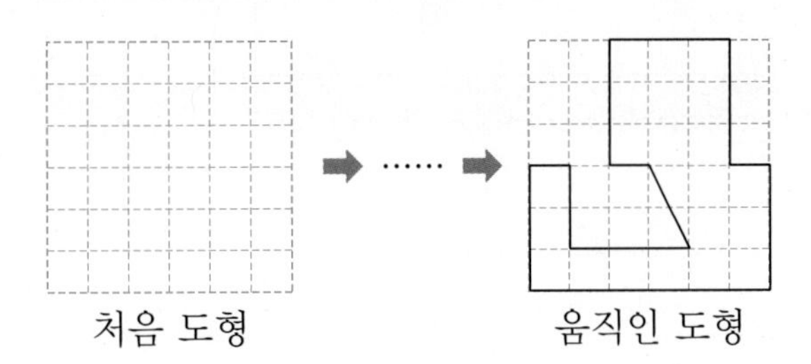

바른답 • 알찬풀이 32쪽

식을 만들어 해결하기

26 삼각형 ㄱㄴㄷ과 삼각형 ㄹㄴㄷ을 겹쳐 놓은 것입니다. 다음 그림에서 둔각삼각형은 모두 몇 개입니까?

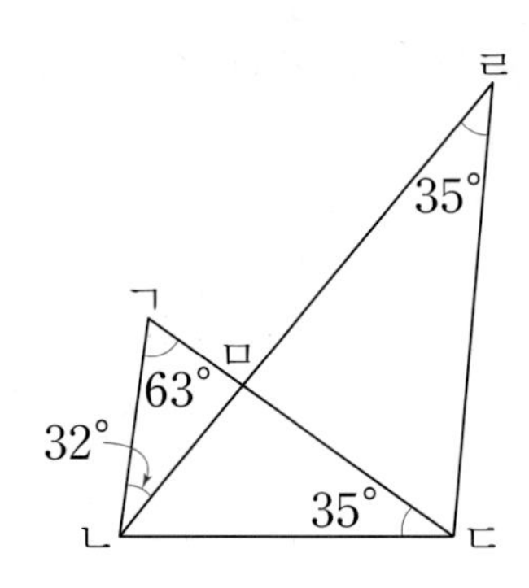

표를 만들어 해결하기

27 수목원에 있는 나무 120그루를 종류별로 조사하여 나타낸 것입니다. 오른쪽 막대그래프에 나무 수가 적은 것부터 왼쪽부터 차례대로 다시 나타내어 보시오.

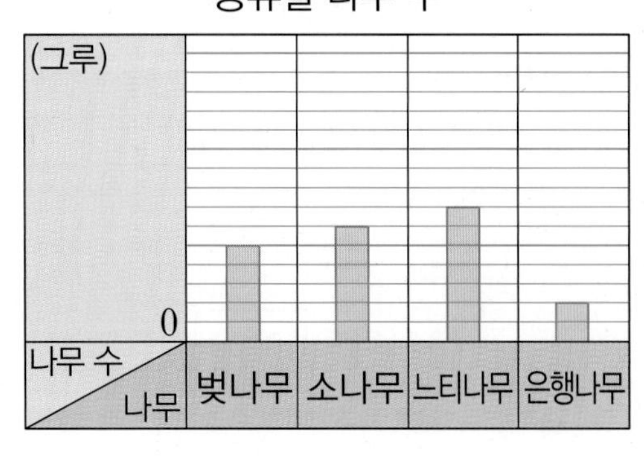

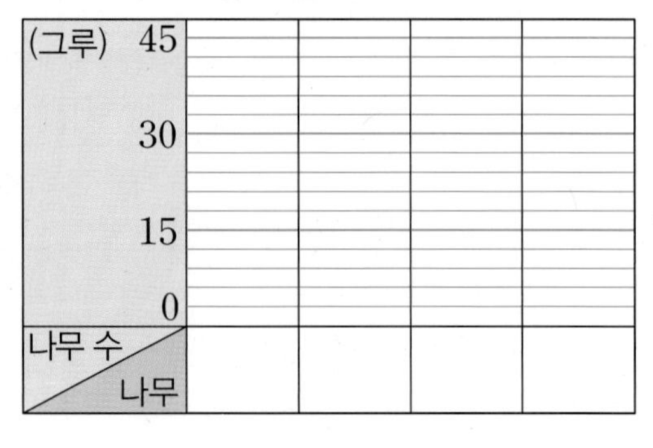

문제풀이 동영상

단순화하여 해결하기

28 다음은 장난감 자동차가 ㉮에서 ㉱까지 갔다가 다시 ㉱에서 ㉯까지, 또 ㉯에서 ㉰까지 움직인 거리를 나타낸 것입니다. 장난감 자동차가 움직인 거리는 몇 m입니까? (단, ㉮에서 ㉯까지의 거리와 ㉯에서 ㉰까지의 거리는 같습니다.)

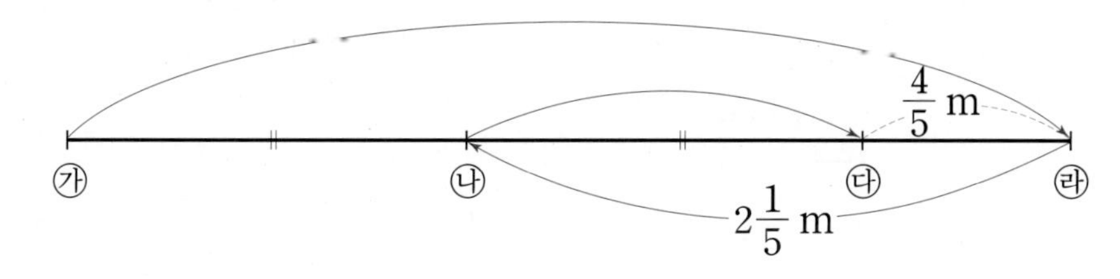

그림을 그려 해결하기

29 가방에 같은 책 5권을 넣고 무게를 재었더니 $8\frac{2}{9}$ kg이었습니다. 이 가방에서 책 2권을 꺼내고 다시 무게를 재었더니 $5\frac{7}{9}$ kg이었습니다. 이 가방에 같은 책 한 권만을 넣고 무게를 재면 몇 kg입니까?

식을 만들어 해결하기

30 마트에서 50개씩 들어 있는 사탕 한 봉지를 3100원, 35개씩 들어 있는 사탕 한 봉지를 2100원에 판매하고 있습니다. 미소가 한 개당 가격이 더 저렴한 사탕 12봉지를 사고 50000원을 냈다면 받아야 하는 거스름돈은 얼마입니까?

바른답 • 알찬풀이 33쪽

그림을 그려 해결하기

31 왼쪽 정삼각형 모양 조각을 겹치지 않게 이어 붙여서 오른쪽 평행사변형을 만들려고 합니다. 필요한 정삼각형 모양 조각은 몇 개입니까?

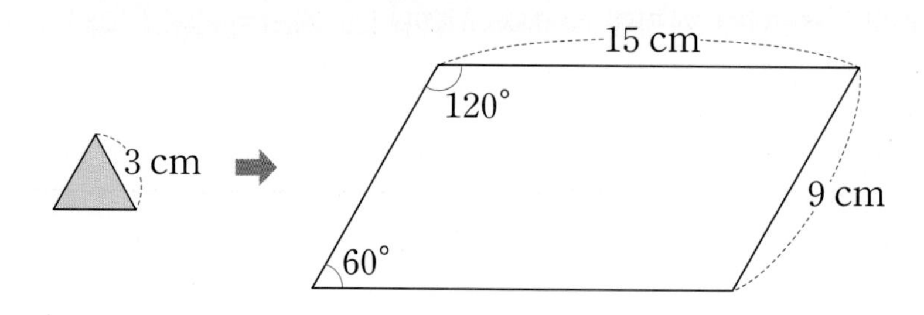

그림을 그려 해결하기

32 벽에 눈금만 있고 숫자가 적혀 있지 않은 시계가 걸려 있습니다. 이 시계의 왼쪽에서 거울에 비추었을 때 거울에 비친 모양이 다음과 같았습니다. 현재 시각으로부터 1시간 40분 후의 시각을 구하시오.

거꾸로 풀어 해결하기

33 어떤 수에서 4.75를 뺀 다음 10.4를 더해야 할 것을 잘못하여 4.75를 더한 다음 10.4를 뺐더니 6.97이 되었습니다. 바르게 계산한 값을 구하시오.

규칙을 찾아 해결하기

34 블록의 배열을 보고 10째에 알맞은 모양에서 블록 안에 있는 수를 모두 더하면 얼마입니까?

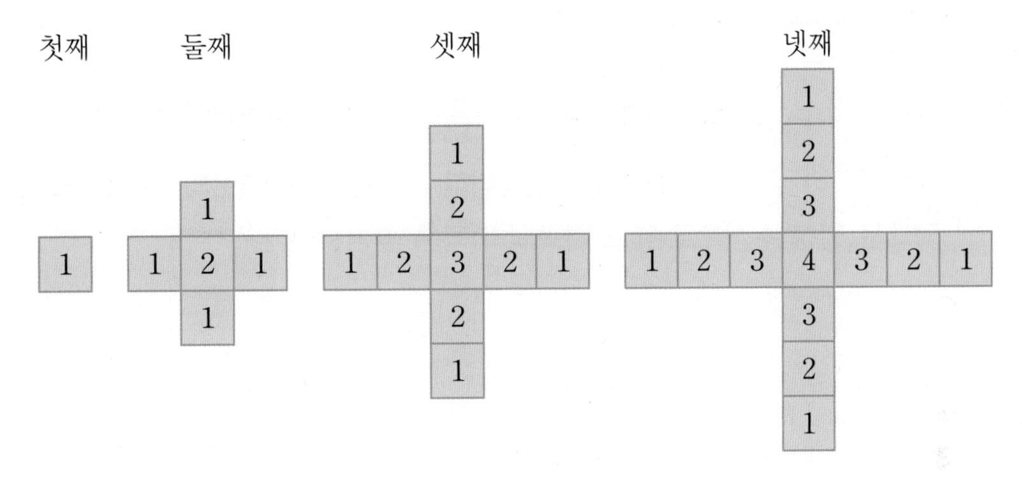

단순화하여 해결하기

35 호수 주변에 45 m 간격으로 원 모양이 되도록 나무를 심었더니 첫 번째 나무와 13번째 나무가 마주 보게 되었습니다. 나무를 심은 곳의 전체 거리는 몇 km입니까? (단, 나무의 두께는 생각하지 않습니다.)

바른답 • 알찬풀이 34쪽

거꾸로 풀어 해결하기

36 보기 는 십의 자리 숫자와 일의 자리 숫자를 곱하여 그 값이 한 자리 수가 될 때까지 계산하는 규칙입니다. 마지막 값이 4가 되는 두 자리 수는 모두 몇 개입니까?

보기

94 ➡ 36 ➡ 18 ➡ 8

그림을 그려 해결하기

37 길이가 $5\frac{7}{13}$ m인 막대를 깊이가 $3\frac{5}{13}$ m인 연못의 바닥까지 넣었다가 꺼낸 후 거꾸로 하여 바닥까지 넣었다가 꺼냈습니다. 두 번 젖은 부분의 길이는 몇 m입니까? (단, 막대는 항상 수직으로 넣고 연못의 바닥은 평평합니다.)

식을 만들어 해결하기

38 그림을 보고 잘못 말한 사람의 이름을 쓰시오.

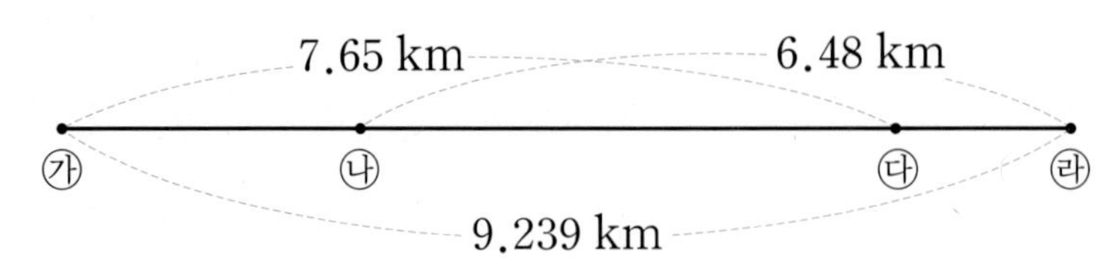

- 소정: ㉯에서 ㉰까지의 거리는 4.891 km야.
- 동진: ㉮에서 ㉯까지의 거리는 2.759 km야.
- 민주: ㉮에서 ㉯까지의 거리는 ㉰에서 ㉱까지의 거리보다 0.17 km 더 멀어.

식을 만들어 해결하기

39 재원이가 9월부터 12월까지 저금한 금액을 조사하여 나타낸 막대그래프입니다. 세로 눈금 한 칸의 크기를 500원으로 하여 막대그래프를 다시 그린다면 9월과 12월의 막대의 눈금은 몇 칸 차이가 납니까?

저금한 금액

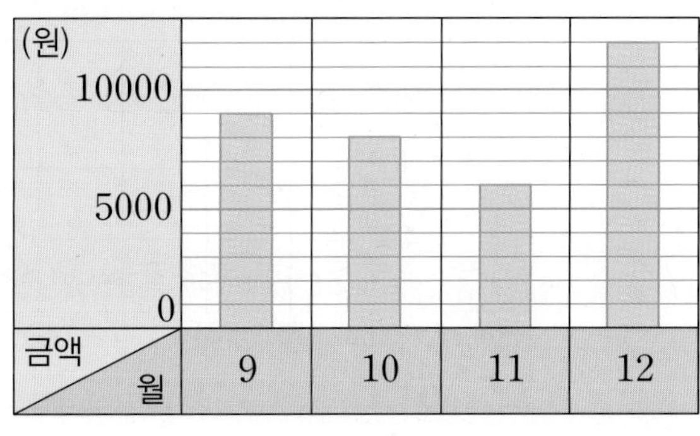

식을 만들어 해결하기

40 가로가 $10\frac{1}{5}$ cm이고, 세로가 $20\frac{4}{5}$ cm인 벽돌 4개로 그림과 같이 직사각형을 만들었습니다. (가)와 (나) 중에서 어느 것의 네 변의 길이의 합이 몇 cm 더 긴지 구하시오.

(가)

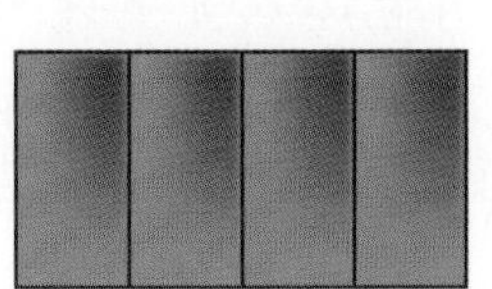

(나)

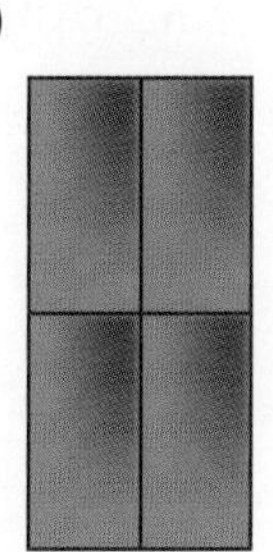

바른답 • 알찬풀이 35쪽

식을 만들어 해결하기

41 어느 가게의 요일별 아이스크림 판매량을 조사하여 나타낸 꺾은선그래프입니다. 아이스크림 한 개의 가격이 800원이고 5일 동안의 판매액이 208000원이라고 합니다. 금요일에 판 아이스크림은 몇 개입니까?

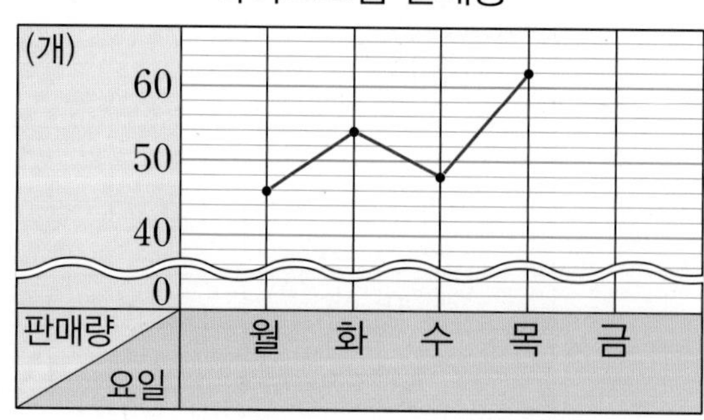

조건을 따져 해결하기

42 ㉠, ㉡, ㉢을 만족하는 어떤 수를 모두 구하여 그 합을 구하시오.

> ㉠ 어떤 수는 세 자리 수입니다.
> ㉡ 어떤 수를 74로 나누었을 때 몫과 나머지는 같습니다.
> ㉢ 어떤 수를 74로 나누었을 때 나머지는 두 자리 수입니다.

규칙을 찾아 해결하기

43 바둑돌의 배열을 보고 흰색 바둑돌이 64개 놓일 때 검은색 바둑돌은 몇 개 놓이는지 구하시오.

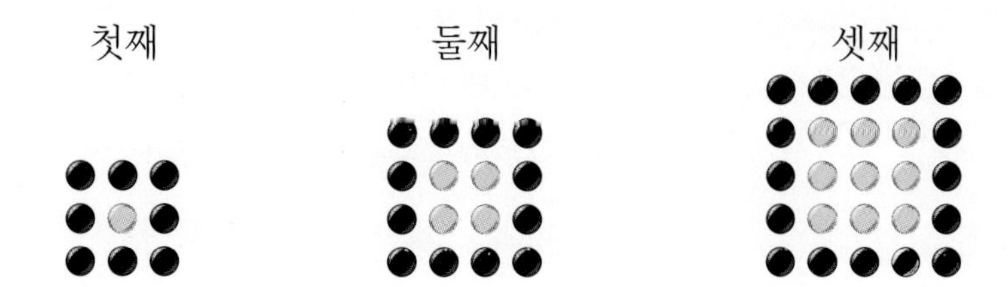

조건을 따져 해결하기

44 오른쪽 그림과 같이 평행사변형을 접었습니다. ㉠의 각도를 구하시오.

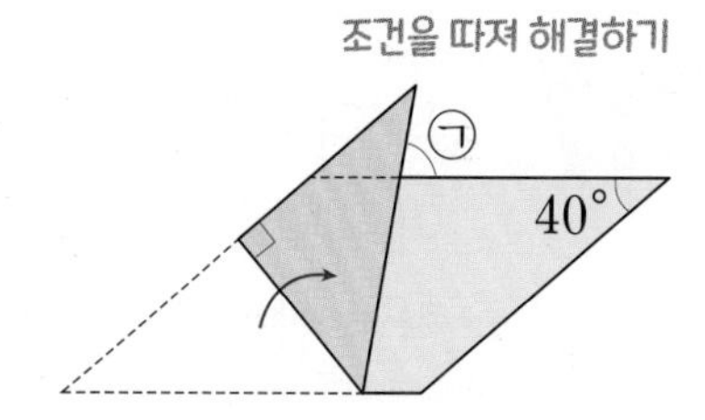

규칙을 찾아 해결하기

45 그림과 같이 성냥개비로 정오각형을 만들고 있습니다. 성냥개비 45개로 정오각형을 최대 몇 개까지 만들 수 있습니까?

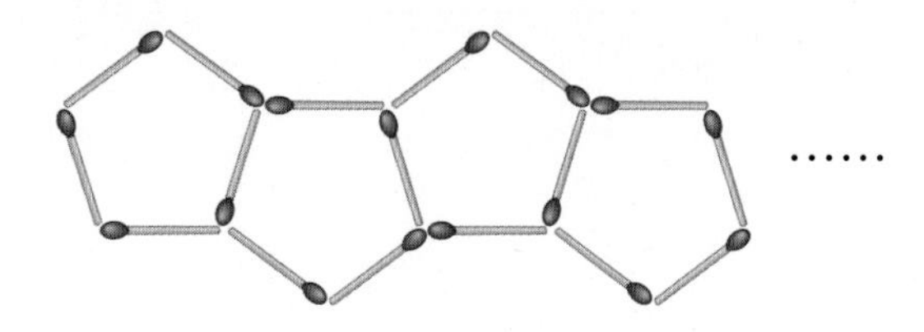

바른답 • 알찬풀이 36쪽

단순화하여 해결하기

46 다음에서 설명하는 다각형의 둘레는 몇 cm입니까?

- 정다각형입니다.
- 한 변의 길이는 3 cm입니다.
- 대각선의 수는 35개입니다.

규칙을 찾아 해결하기

47 1부터 400까지의 수를 그림과 같이 배열한 후 □ 안에 있는 9개의 수를 더했더니 171이 되었습니다. 같은 방법으로 9개의 수를 더했더니 합이 1782일 때 더한 9개의 수 중 가장 작은 수는 얼마입니까?

1	2	3	4	5	6	7	8
9	10	11	12	13	14	15	16
17	18	19	20	21	22	23	24
25	26	27	28	29	30	31	32
33	34	35	36	37	38	39	40
41	42	43	44	45	46	47	48
⋮	⋮	⋮	⋮	⋮	⋮	⋮	⋮
393	394	395	396	397	398	399	400

조건을 따져 해결하기

48 오른쪽 도형은 마름모 ㄱㄴㅁㅂ과 평행사변형 ㄴㄷㄹㅁ을 겹치지 않게 이어 붙인 것입니다. 평행사변형 ㄴㄷㄹㅁ의 네 변의 길이의 합이 54 cm일 때 굵은 선의 길이는 몇 cm입니까?

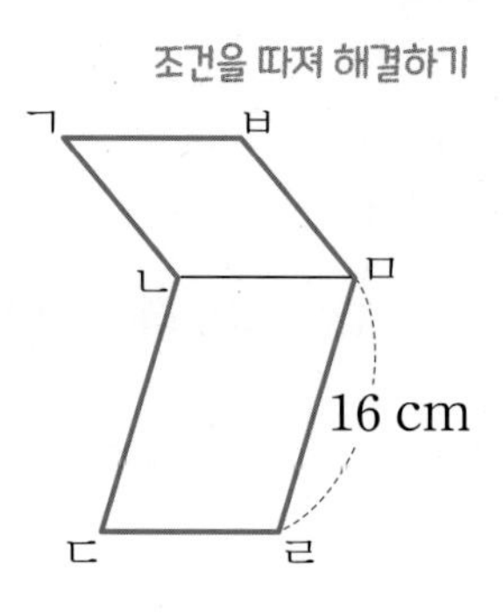

규칙을 찾아 해결하기

49 수 배열의 규칙에 따라 25째에 알맞은 분수를 구하시오.

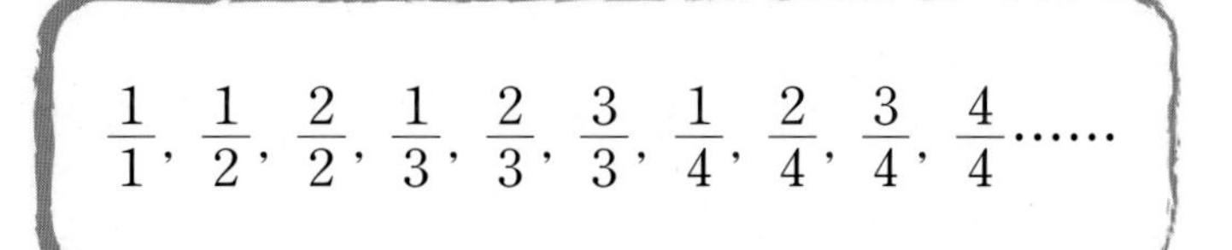

그림을 그려 해결하기

50 다음 도형에서 평행선은 모두 몇 쌍입니까?

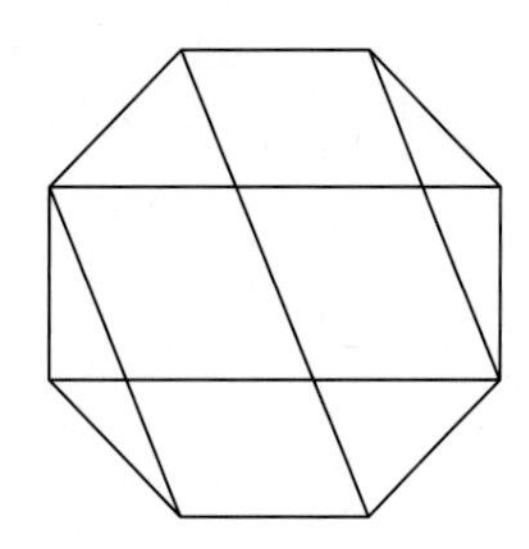

바른답 • 알찬풀이 37쪽

식을 만들어 해결하기

51 어진, 지유, 경수 세 사람의 키를 재었습니다. 어진이와 지유의 키의 합은 $3\frac{2}{7}$ m, 지유와 경수의 키의 합은 $3\frac{4}{7}$ m, 어진이와 경수의 키의 합은 $3\frac{1}{7}$ m입니다. 세 사람의 키의 합을 구하시오.

그림을 그려 해결하기

52 직선 가와 나는 서로 평행합니다. 직선 가와 나 사이의 거리는 몇 cm입니까?

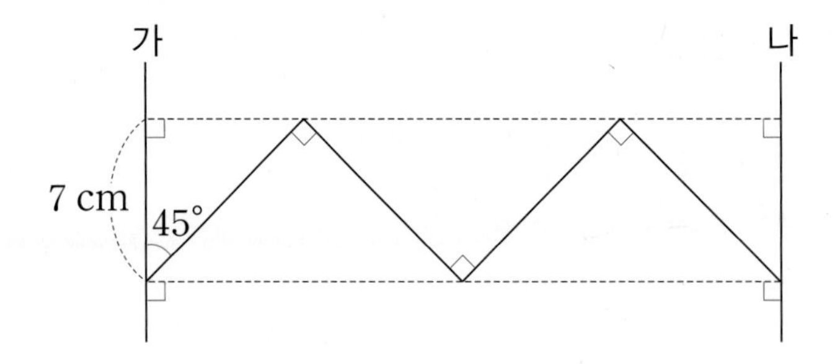

조건을 따져 해결하기

53 직사각형과 정오각형을 겹치지 않게 이어 붙인 다음 선분 ㄱㄹ을 그은 것입니다. 각 ㄴㄱㅇ의 크기는 몇 도입니까?

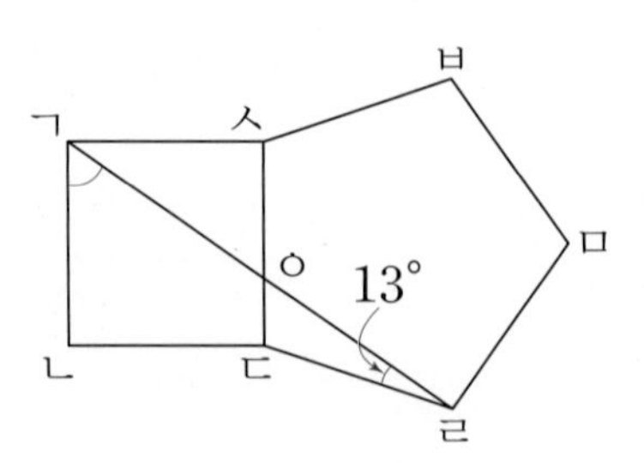

예상과 확인으로 해결하기

54

계산한 종이가 얼룩져 일부분만 보입니다. ㉮, ㉯, ㉰는 서로 다른 한 자리 수일 때 ㉮, ㉯, ㉰에 알맞은 수는 각각 얼마입니까?

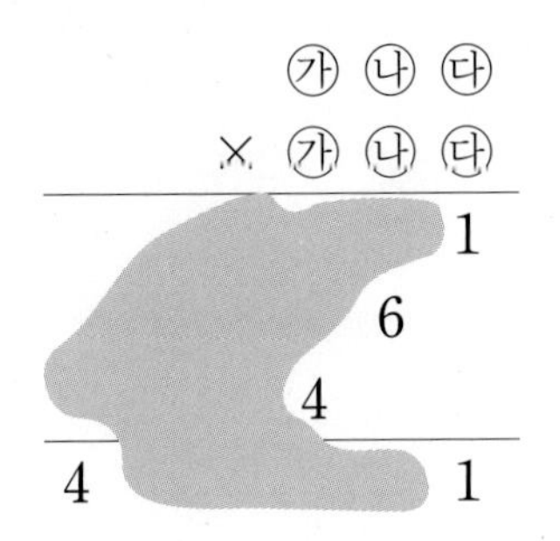

조건을 따져 해결하기

55

고대이집트 사람들은 다음과 같은 방법으로 곱셈을 했습니다. 고대 이집트 사람들의 곱셈 방법으로 123×13을 계산하시오.

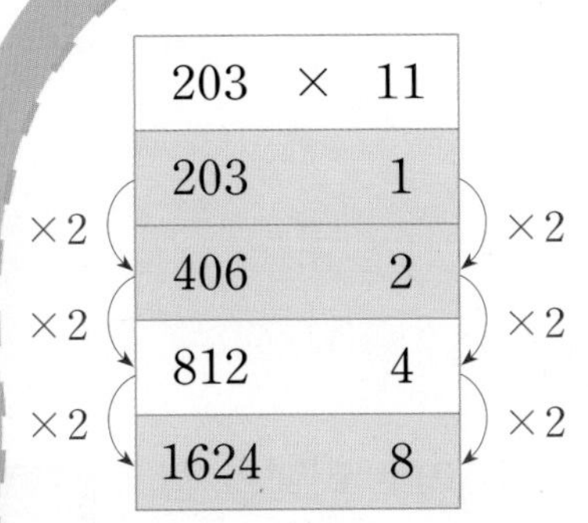

203 ×	11
203	1
406	2
812	4
1624	8

① 곱하는 수 11을 1부터 2배 한 수의 합으로 나타냅니다.
즉 $11=1+2+8$로 나타낼 수 있습니다.

② 곱해지는 수 203에 연속해서 2를 곱합니다.

③ 오른쪽의 수가 11의 합을 이루는 수인 경우 같은 줄에 있는 왼쪽의 수를 모두 더하면 203×11의 값이 됩니다.
➡ $203\times11=203+406+1624=2233$

예상과 확인으로 해결하기

56 서로 다른 5장의 수 카드를 한 번씩만 사용하여 가장 큰 다섯 자리 수와 가장 작은 다섯 자리 수를 만들어 차를 구했더니 41976이었습니다. 비어 있는 수 카드에 알맞은 수를 구하시오.

조건을 따져 해결하기

57 다음 그림은 사다리꼴 ㄱㄴㄷㄹ의 각 변의 가운데를 연결하여 평행사변형 ㅁㅂㅅㅇ을 그린 것입니다. 변 ㄱㄴ과 변 ㄱㄹ의 길이가 같을 때 ㉠의 크기를 구하시오.

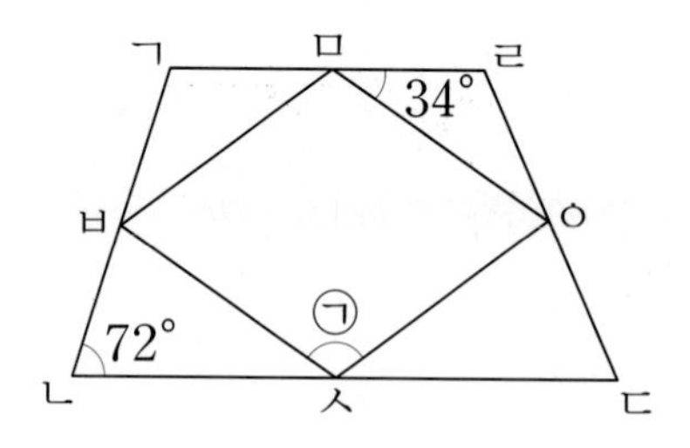

식을 만들어 해결하기

58 길이가 99 m인 기차가 1초에 32 m를 가는 빠르기로 터널을 진입하여 완전히 빠져 나가는 데 27초가 걸렸습니다. 길이가 115 m인 기차가 1초에 55 m를 가는 빠르기로 이 터널에 진입해서 완전히 빠져 나갈 때까지 걸리는 시간은 몇 초입니까?

조건을 따져 해결하기

59 수 카드 2, 6, 5, 9, 1 을 한 번씩 모두 사용하여 (세 자리 수)×(두 자리 수)의 곱이 가장 큰 수가 되는 곱셈식과 곱이 가장 작은 수가 되는 곱셈식을 각각 만들고 계산하시오.

규칙을 찾아 해결하기

60 다음은 왼쪽 암호판을 이용하여 암호를 푼 것입니다.

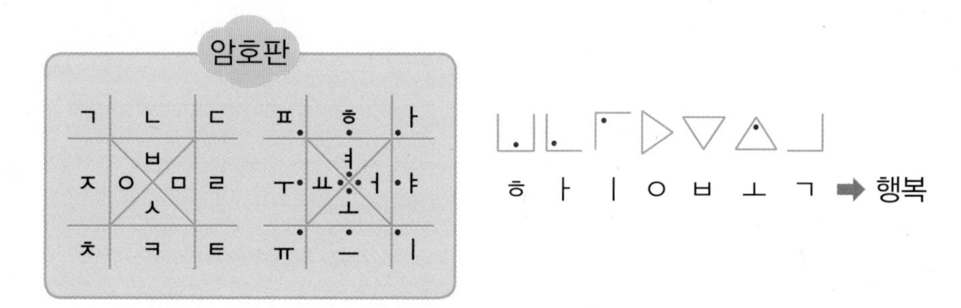

위의 암호판을 이용하여 다음의 암호를 풀어 해답을 구하시오.

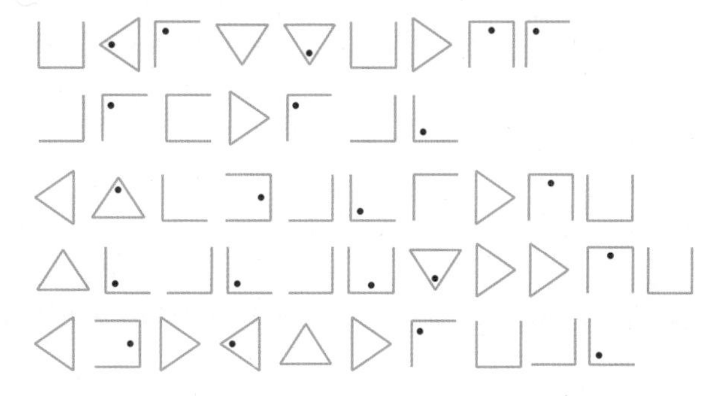

Memo

퍼즐 학습으로 재미있게 초등 어휘력을 키우자!

어휘력을 키워야 문해력이 자랍니다.
문해력은 국어는 물론 모든 공부의 기본이 됩니다.

퍼즐런 시리즈로
재미와 학습 효과 두 마리 토끼를 잡으며,
문해력과 함께 공부의 기본을
확실하게 다져 놓으세요.

Fun! Puzzle! Learn!

재미있게! 퍼즐로! 배워요!

맞춤법
초등학생이 자주 틀리는
헷갈리는 맞춤법 100

속담
초등 교과 학습에 꼭 필요한
빈출 속담 100

사자성어
생활에서 자주 접하는
초등 필수 사자성어 100

미래엔 초등 도서 목록

교과서 달달 쓰기 · 교과서 달달 풀기
1~2학년 국어 • 수학 교과 학습력을 향상시키고
초등 코어를 탄탄하게 세우는 기본 학습서
[4책] 국어 1~2학년 학기별
[4책] 수학 1~2학년 학기별

미래엔 교과서 길잡이, 초코
초등 공부의 핵심[CORE]를 탄탄하게 해 주는
슬림 & 심플한 교과 필수 학습서
[8책] 국어 3~6학년 학기별, [8책] 수학 3~6학년 학기별
[8책] 사회 3~6학년 학기별, [8책] 과학 3~6학년 학기별

전과목 단원평가
빠르게 단원 핵심을 정리하고, 수준별 문제로 실전력을 키우는
교과 평가 대비 학습서
[8책] 3~6학년 학기별

문제 해결의 길잡이

원리 8가지 문제 해결 전략으로 문장제와 서술형 문제 정복
[12책] 1~6학년 학기별

심화 문장제 유형 정복으로 초등 수학 최고 수준에 도전
[6책] 1~6학년 학년별

초등 필수 어휘를 퍼즐로 재미있게 익히는 학습서
[3책] 사자성어, 속담, 맞춤법

하루한장 예비 초등

한글완성
초등학교 입학 전 한글 읽기·쓰기 동시에 끝내기
[3책] 기본 자모음, 받침, 복잡한 자모음

예비초등
기본 학습 능력을 향상하며 초등학교 입학을 준비하기
[2책] 국어, 수학

하루한장 독해

독해 시작편
초등학교 입학 전 기본 문해력 익히기 30일 완성
[2책] 문장으로 시작하기, 짧은 글 독해하기

어휘
문해력의 기초를 다지는 초등 필수 어휘 학습서
[6책] 1~6학년 단계별

독해
국어 교과서와 연계하여 문해력의 기초를 다지는 독해 기본서
[6책] 1~6학년 단계별

독해+플러스
본격적인 독해 훈련으로 문해력을 향상시키는 독해 실전서
[6책] 1~6학년 단계별

비문학 독해 (사회편·과학편)
비문학 독해로 배경지식을 확장하고 문해력을 완성시키는
독해 심화서
[사회편 6책, 과학편 6책] 1~6학년 단계별

수학 상위권 향상을 위한 문장제 해결력 완성

문제 해결의 길잡이

심화

수학 4학년

바른답·알찬풀이

Mirae N 에듀

식을 만들어 해결하기

익히기 10~17쪽

1 곱셈과 나눗셈

문제분석 적어도 색연필은 몇 자루 더 필요합니까?
12, 38 / 49

해결전략 곱셈식 / 나눗셈식

풀이 ❶ 12, 38, 456
❷ 456, 49, 9, 15 / 9, 15
❸ 49, 15, 34

답 34

2 곱셈과 나눗셈

문제분석 적어도 배를 몇 개 더 따야 합니까?
56, 17 / 35

해결전략 곱셈식 / 나눗셈식

풀이
❶ (딴 배의 수)$=56\times17=952$(개)
❷ $952\div35=27\cdots7$
딴 배를 한 상자에 35개씩 담으면 27상자에 담을 수 있고 7개가 남습니다.
❸ 남는 배가 없이 모두 상자에 담으려면 적어도 배를 $35-7=28$(개) 더 따야 합니다.

답 28개

3 분수의 덧셈과 뺄셈

문제분석 어느 곳을 지나는 것이 몇 km 더 먼지 구하시오.
$3\frac{9}{11}$, $7\frac{8}{11}$

해결전략 덧셈식 / 뺄셈식

풀이 ❶ $4\frac{6}{11}$, $9\frac{10}{11}$
❷ $3\frac{9}{11}$, $7\frac{8}{11}$, $11\frac{6}{11}$
❸ $11\frac{6}{11}$, $9\frac{10}{11}$, 병원 /
$11\frac{6}{11}$, $9\frac{10}{11}$, $1\frac{7}{11}$

답 병원, $1\frac{7}{11}$

참고 ❷ $3\frac{9}{11}+7\frac{8}{11}=10\frac{17}{11}=11\frac{6}{11}$ (km)
❸ $11\frac{6}{11}-9\frac{10}{11}=10\frac{17}{11}-9\frac{10}{11}=1\frac{7}{11}$ (km)

4 소수의 덧셈과 뺄셈

문제분석 어느 곳을 지나는 것이 몇 km 더 가까운지 구하시오.
1565 / 0.9 / 2.672

해결전략 1 / 덧셈식 / 뺄셈식

풀이
❶ 1000 m=1 km이므로
1565 m=1.565 km입니다.
(매표소~원숭이관~호랑이관의 거리)
=(매표소~원숭이관의 거리)
+(원숭이관~호랑이관의 거리)
$=1.78+1.565=3.345$ (km)
❷ (매표소~코끼리관~호랑이관의 거리)
=(매표소~코끼리관의 거리)
+(코끼리관~호랑이관의 거리)
$=0.9+2.672=3.572$ (km)
❸ $3.345<3.572$이므로 매표소에서 호랑이관으로 갈 때 원숭이관을 지나는 것이
$3.572-3.345=0.227$ (km) 더 가깝습니다.

답 원숭이관, 0.227 km

5 삼각형

문제분석 사각형 ㄱㄴㄷㄹ의 네 변의 길이의 합은 몇 cm
51 / 12

해결전략 세 / 두

풀이 ① 51 / 51, 3, 17 / ㄱㄹ, 17
② ㄴㄹ, 17
③ 17, 17, 12, 17, 63

답 63

6 사각형

문제분석 굵은 선의 길이는 몇 cm
36 / 10

해결전략 (네)/(두)

풀이

① 마름모는 네 변의 길이가 모두 같습니다.
(마름모 ㅂㄷㄹㅁ의 한 변의 길이)
$=36\div4=9$ (cm)
➡ (변 ㄷㄹ의 길이)=(변 ㄹㅁ의 길이)
=(변 ㅁㅂ의 길이)=(변 ㅂㄷ의 길이)
=9 cm

② 평행사변형은 마주 보는 두 변의 길이가 같습니다.
(변 ㄱㄴ의 길이)=(변 ㅂㄷ의 길이)=9 cm
(변 ㄱㅂ의 길이)=(변 ㄴㄷ의 길이)=10 cm

③ (굵은 선의 길이)
=(변 ㄱㄴ의 길이)+(변 ㄴㄷ의 길이)
+(변 ㄷㄹ의 길이)+(변 ㄹㅁ의 길이)
+(변 ㅁㅂ의 길이)+(변 ㄱㅂ의 길이)
$=9+10+9+9+9+10=56$ (cm)

답 56 cm

7 막대그래프

문제분석 남학생과 여학생 수의 차가 가장 큰 취미를 좋아하는 학생은 모두 몇 명

해결전략 (세로)

풀이 ① 4, 3, 0, 2 / (운동)
② 5, 2 / 10, 2, 20 / 6, 2, 12 / 20, 12, 32

답 32

8 꺾은선그래프

문제분석 맞힌 4점짜리 문제와 6점짜리 문제 수의 차가 가장 큰 달의 수학 시험 점수는 몇 점

① 월별로 맞힌 4점짜리 문제와 6점짜리 문제 수를 나타내는 두 꺾은선 사이의 세로 눈금 칸 수를 구합니다.
3월: 1칸　4월: 4칸　5월: 3칸　6월: 2칸
➡ 맞힌 4점짜리 문제와 6점짜리 문제 수의 차가 가장 큰 달은 4월입니다.

② 4월에 4점짜리 문제를 맞혀 얻은 점수는
$4\times6=24$(점),
6점짜리 문제를 맞혀 얻은 점수는
$6\times10=60$(점)입니다.
따라서 4월의 수학 시험 점수는
$24+60=84$(점)입니다.

답 84점

적용하기 18~21쪽

1 곱셈과 나눗셈

3월 한 달은 31일이고 4월 한 달은 30일입니다.
(3월에 마신 우유 양)$=125\times31=3875$ (mL)
(4월에 마신 우유 양)$=200\times30=6000$ (mL)
➡ (현지가 3월과 4월에 마신 우유 양)
$=3875+6000=9875$ (mL)

답 9875 mL

2 소수의 덧셈과 뺄셈

(가로와 세로의 합)$=28\div2=14$ (cm)
(세로)$=14-9.25=4.75$ (cm)
$9.25>4.75$이므로
(가로와 세로의 차)=(가로)−(세로)
$=9.25-4.75=4.5$ (cm)

답 4.5 cm

3 각도

(각 ㄱㅇㄴ의 크기)$=180^\circ-160^\circ=20^\circ$
➡ (각 ㄴㅇㄷ의 크기)$=135^\circ-$(각 ㄱㅇㄴ의 크기)
$=135^\circ-20^\circ=115^\circ$

답 115°

다른 풀이

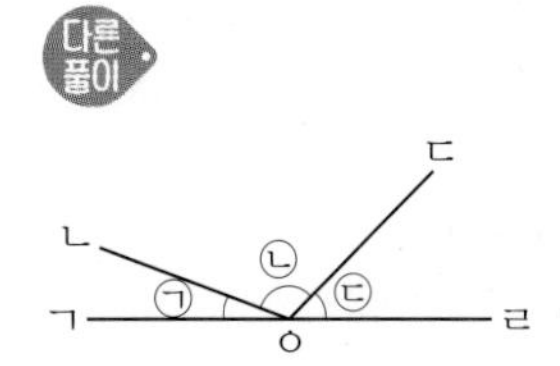

㉠+㉡=135°이고 ㉡+㉢=160°이므로
㉠+㉡+㉡+㉢=135°+160°=295°입니다.
㉠+㉡+㉢=180°이므로
180°+㉡=295°, ㉡=295°−180°=115°입니다.
따라서 각 ㄴㅇㄷ의 크기는 115°입니다.

4 다각형

(지수가 가지고 있는 철사의 길이)
=(정육각형 한 개의 모든 변의 길이의 합)
=48×6=288 (cm)
(마름모 한 개를 만드는 데 사용한 철사의 길이)
=288÷9=32 (cm)
마름모는 네 변의 길이가 모두 같으므로
(만든 마름모의 한 변의 길이)
=32÷4=8 (cm)입니다.

답 8 cm

5 꺾은선그래프

세로 눈금 한 칸은 10÷5=2 (cm)를 나타냅니다.
(윤경이가 자란 키)=(11살 키)−(7살 키)
=140−114=26 (cm)
(하연이가 자란 키)=(11살 키)−(7살 키)
=142−120=22 (cm)
따라서 7살부터 11살까지 키가 더 많이 자란 사람은 윤경이고, 윤경이는 하연이보다
26−22=4 (cm) 더 자랐습니다.

답 윤경, 4 cm

6 곱셈과 나눗셈

(사 온 구슬 수)=112×10=1120(개)
(만든 팔찌 수)=1120÷40=28(개)
(팔찌를 모두 판 금액)=28×550=15400(원)
➡ (팔찌를 모두 팔아 남긴 이익)
=15400−10000=5400(원)

답 5400원

7 소수의 덧셈과 뺄셈

(안방의 가로 길이)=13.25−9.05=4.2 (m)
➡ (거실 유리창의 가로 길이)
=(안방과 거실의 가로 길이)
−(안방의 가로 길이)
=9.65−4.2=5.45 (m)

답 5.45 m

다른 풀이

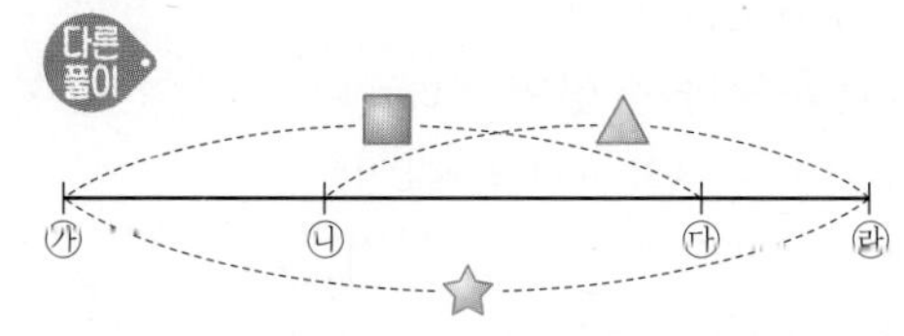

(㉯~㉰)=(㉮~㉰)+(㉯~㉱)−(㉮~㉱)
=■+▲−★
(거실 유리창의 가로 길이)
=(안방과 거실의 가로 길이)
+(거실과 유진이 방의 가로 길이)
−(집 전체의 가로 길이)
=9.65+9.05−13.25=5.45 (m)

8 삼각형

삼각형의 세 각의 크기의 합은 180°이므로
(각 ㄱㄷㄴ의 크기)=180°−40°−60°=80°
직선이 이루는 각의 크기는 180°이므로
(각 ㄱㄷㄹ의 크기)=180°−(각 ㄱㄷㄴ의 크기)
=180°−80°=100°입니다.
(각 ㄷㄱㄹ의 크기)+(각 ㄱㄹㄷ의 크기)
=180°−(각 ㄱㄷㄹ의 크기)
=180°−100°=80°
삼각형 ㄱㄷㄹ은 이등변삼각형이므로
(각 ㄱㄹㄷ의 크기)=(각 ㄷㄱㄹ의 크기)
=80°÷2=40°입니다.

답 40°

9 분수의 덧셈과 뺄셈

월요일 오후 2시부터 금요일 오후 2시까지는 4일이 지난 것입니다.
4일 동안 시계는
$5\frac{3}{4}+5\frac{3}{4}+5\frac{3}{4}+5\frac{3}{4}=20\frac{12}{4}=23$(분) 늦어집니다.
월요일 오후 2시에 10분 빠르게 맞춰 놓았으므로 이때 시계가 가리키는 시각은 오후 2시 10분입니다.
따라서 금요일 오후 2시에 시계가 가리키는 시각은 오후 2시 10분−23분=오후 1시 47분입니다.

답 오후 1시 47분

10

삼각형

이등변삼각형 ㄱㄴㄷ에서
(변 ㄱㄴ의 길이)+(변 ㄱㄷ의 길이)
$=41-7=34$ (cm),
(변 ㄱㄴ의 길이)=(변 ㄱㄷ의 길이)
$=34\div2=17$ (cm)입니다.
삼각형 ㄱㄷㅁ은 정삼각형이므로
(변 ㄷㅁ의 길이)=(변 ㄱㅁ의 길이)
=(변 ㄱㄷ의 길이)=17 cm입니다.
이등변삼각형 ㅁㄷㄹ에서
(변 ㄷㄹ의 길이)+(변 ㄹㅁ의 길이)
$=41-17=24$ (cm)입니다.
➡ (변 ㄹㅁ의 길이)=(변 ㄷㄹ의 길이)
$=24\div2=12$ (cm)

답 12 cm

도전, 창의사고력 22쪽

월 전기 사용량이 426 kWh일 때
- 기본요금: 7300원
- 처음 200 kWh까지의 전력량요금:
  $200\times88=17600$(원)
  다음 200 kWh까지의 전력량요금:
  $200\times182=36400$(원)
  남은 26 kWh의 전력량요금:
  $26\times275=7150$(원)

➡ (성우네의 이번 달 전기요금)
$=7300+17600+36400+7150$
$=68450$(원)

답 68450원

그림을 그려 해결하기

전략 세움

익히기 24~29쪽

1

분수의 덧셈과 뺄셈

문제 분석 이어 붙인 색 테이프의 전체 길이는 몇 m

$2\frac{3}{7}$, $3\frac{2}{7}$ / $\frac{4}{7}$

해결 전략 (합)/(빼서)

풀이 ❶

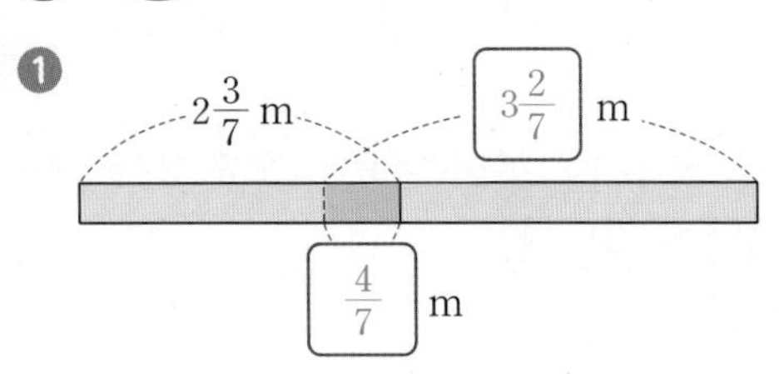

❷ $2\frac{3}{7}$, $3\frac{2}{7}$, $5\frac{5}{7}$ / $5\frac{5}{7}$, $\frac{4}{7}$, $5\frac{1}{7}$

답 $5\frac{1}{7}$

2

분수의 덧셈과 뺄셈

문제 분석 약수터에서 대피소까지의 거리는 몇 km

$6\frac{7}{8}$ / $5\frac{1}{8}$

해결 전략 (합)/(빼서)

풀이

❶ 예

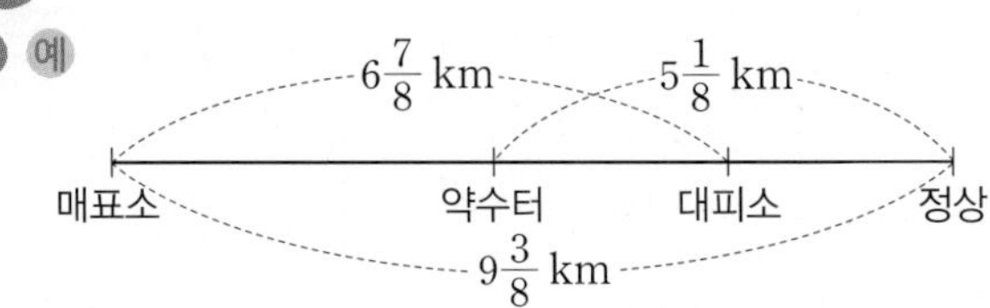

❷ (매표소에서 대피소까지의 거리)
+(약수터에서 정상까지의 거리)
$=6\frac{7}{8}+5\frac{1}{8}=11\frac{8}{8}=12$ (km)

➡ (약수터에서 대피소까지의 거리)
=(매표소에서 대피소까지의 거리)
+(약수터에서 정상까지의 거리)
−(매표소에서 정상까지의 거리)
$=12-9\frac{3}{8}=2\frac{5}{8}$ (km)

답 $2\frac{5}{8}$ km

3

평면도형의 이동

도형을 오른쪽으로 5번 뒤집고 시계 방향으로 90°만큼 3번 돌렸을 때의 도형을 그려 보시오.

5, (뒤집기) / 3, (돌리기)

❶ (같습니다) / 1 / 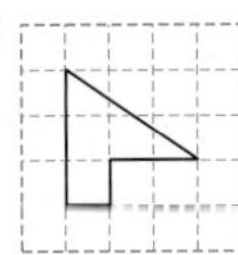

❷ 90 / 90

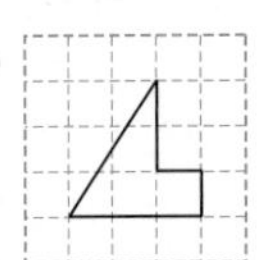

4

평면도형의 이동

도형을 시계 반대 방향으로 180°만큼 2번 돌리고 아래쪽으로 7번 뒤집었을 때의 도형을 그려 보시오.

2, (돌리기) / 7, (뒤집기)

❶ 시계 반대 방향으로 180°만큼 2번 돌린 도형은 시계 반대 방향으로 360°만큼 돌린 도형과 같으므로 처음 도형과 같습니다.

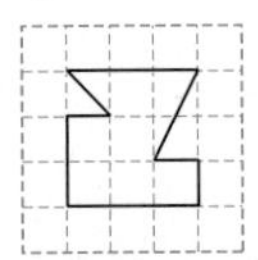

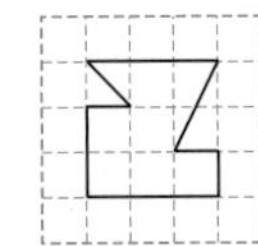

〈주어진 도형〉

❷ 아래쪽으로 7번 뒤집은 도형은 아래쪽으로 1번 뒤집은 도형과 같습니다.
❶에서 그린 도형을 아래쪽으로 1번 뒤집은 도형을 그립니다.

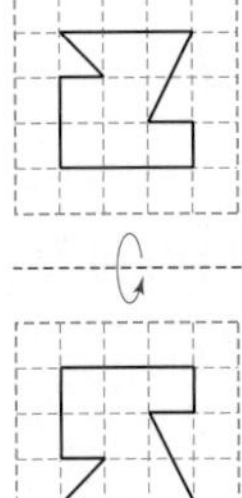

답

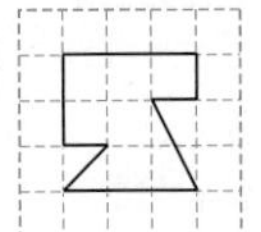

5

각도

각 ㄴㄹㄷ의 크기

24, 35

180

❶ ㄷ / ㄹㄴㄷ /

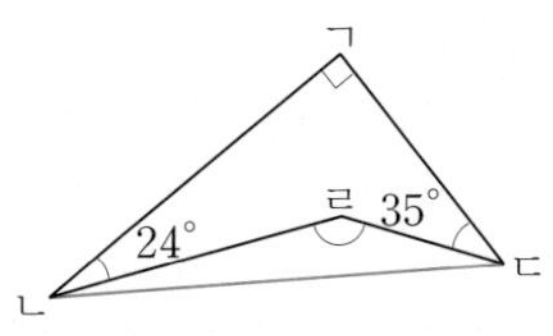

❷ 180 / 90 / 90, 90 / 35 / 35, 31
❸ 180 / 31, 149

답 149

6

각도

문제분석

각 ㄴㄱㄷ의 크기

118, 26

180

❶ 점 ㄴ과 점 ㄷ를 선으로 이어 삼각형 ㄱㄴㄷ과 삼각형 ㄹㄴㄷ을 만듭니다.

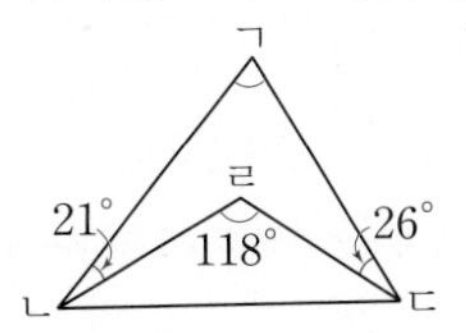

❷ 삼각형 ㄹㄴㄷ의 세 각의 크기의 합은 180°이고
(각 ㄴㄹㄷ의 크기)=118°이므로
(각 ㄹㄴㄷ의 크기)+(각 ㄹㄷㄴ의 크기)
=180°−118°=62°입니다.

❸ 삼각형 ㄱㄴㄷ의 세 각의 크기의 합은 180°이므로
(각 ㄴㄱㄷ의 크기)+21°+62°+26°=180°,
(각 ㄴㄱㄷ의 크기)=180°−21°−62°−26°
=71°입니다.

답 71°

적용하기 30~33쪽

1

큰 수

주어진 수를 수직선에 나타내면 다음과 같습니다.

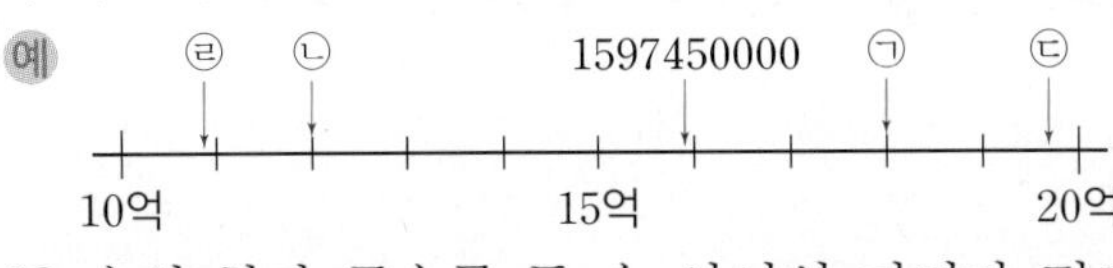

두 수의 차가 클수록 두 수 사이의 거리가 멀어지므로 1597450000과의 차가 가장 큰 수는 두

수 사이의 거리가 가장 먼 ㉣입니다.

답 ㉣

2 다각형

직각삼각형 2개를 겹치지 않게 이어 붙이면 다음 그림과 같이 가로가 5 cm, 세로가 4 cm인 직사각형을 만들 수 있습니다.

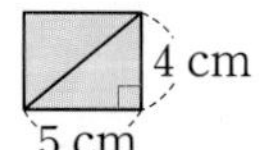

만든 직사각형으로 주어진 직사각형을 채우는 데 다음과 같이 만든 직사각형 18개가 필요합니다.

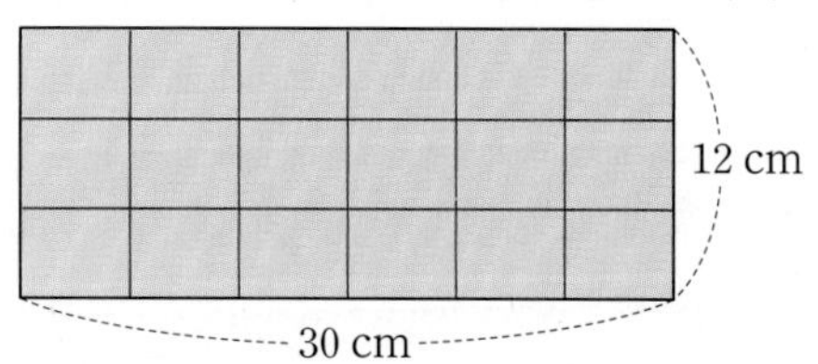

따라서 필요한 직각삼각형은 모두 $18 \times 2 = 36$(개)입니다.

답 36개

3 분수의 덧셈과 뺄셈

$$(\text{색종이의 세로}) = 4\frac{3}{9} - \frac{5}{9}$$
$$= 3\frac{12}{9} - \frac{5}{9} = 3\frac{7}{9}\ (\text{cm})$$

가로가 $4\frac{3}{9}$ cm이고 세로가 $3\frac{7}{9}$ cm인 색종이의 세로 부분을 겹치지 않게 이어 붙이면 다음과 같습니다.

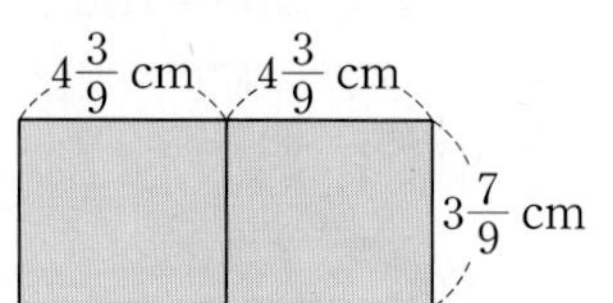

(새로 만든 직사각형의 네 변의 길이의 합)

$$= 4\frac{3}{9} + 4\frac{3}{9} + 3\frac{7}{9} + 4\frac{3}{9} + 4\frac{3}{9} + 3\frac{7}{9}$$
$$= 22\frac{26}{9} = 24\frac{8}{9}\ (\text{cm})$$

답 $24\frac{8}{9}$ cm

4 각도

(축구 경기 시간)
=45분+15분+45분=105분=1시간 45분

(축구가 끝난 시각)
=6시 15분+1시간 45분=8시

축구가 끝난 시각을 시계에 나타내면 다음과 같습니다.

시곗바늘이 한 바퀴 돌면 360°이므로 큰 눈금 한 칸의 크기는 $360° \div 12 = 30°$입니다.
따라서 시계의 긴바늘과 짧은바늘이 이루는 작은 쪽의 각의 크기는 $30° \times 4 = 120°$입니다.

답 120°

5 평면도형의 이동

시계 방향으로 90°만큼 6번 돌린 도형은 시계 방향으로 180°만큼 돌린 도형과 같습니다.

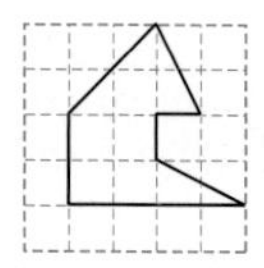
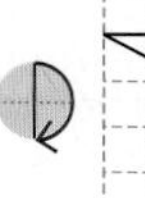
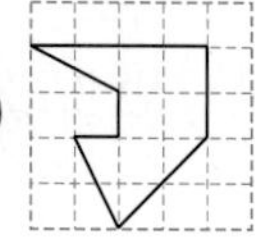

⟨주어진 도형⟩

왼쪽으로 11번 뒤집은 도형은 왼쪽으로 1번 뒤집은 도형과 같습니다.

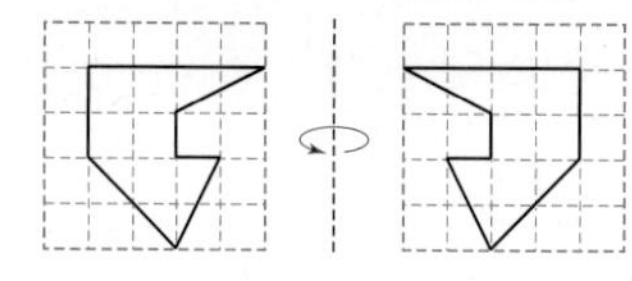

답

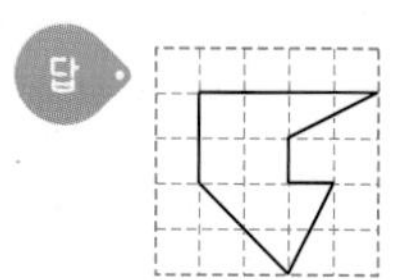

6 분수의 덧셈과 뺄셈

접시에 추를 올려 놓고 무게를 잰 것을 그림으로 나타내면 다음과 같습니다.

예

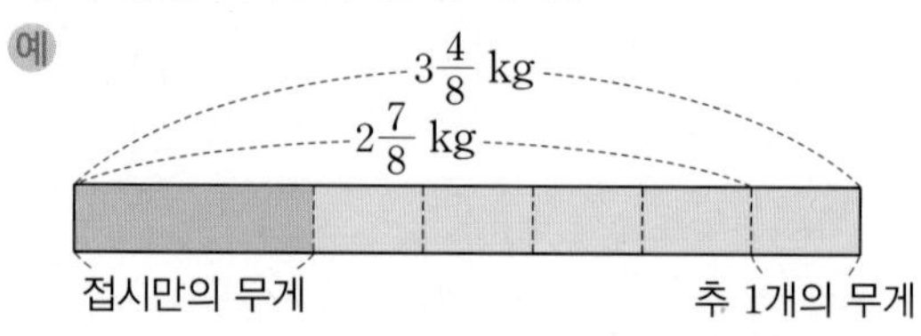

$$(\text{추 1개의 무게}) = 3\frac{4}{8} - 2\frac{7}{8} = \frac{5}{8}\ (\text{kg})$$

$$(\text{추 4개의 무게}) = \frac{5}{8} + \frac{5}{8} + \frac{5}{8} + \frac{5}{8}$$
$$= \frac{20}{8} = 2\frac{4}{8}\ (\text{kg})$$

➡ $(\text{접시만의 무게}) = 2\frac{7}{8} - 2\frac{4}{8} = \frac{3}{8}\ (\text{kg})$

답 $\frac{3}{8}$ kg

7 사각형

평행선 사이에 수선을 그어 다음 그림과 같이 사각형을 만듭니다.

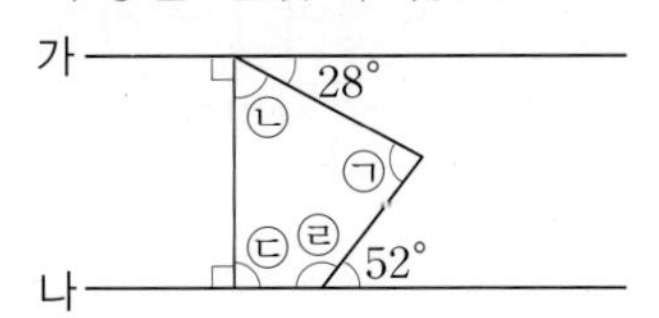

ㄴ$=90°-28°=62°$
ㄷ$=90°$
ㄹ$=180°-52°=128°$
따라서 사각형의 네 각의 크기의 합은 $360°$이므로
ㄱ$=360°-62°-90°-128°=80°$입니다.

답 $80°$

8 소수의 덧셈과 뺄셈

색 테이프 4장을 겹쳐서 한 줄로 이어 붙인 그림을 그리면 다음과 같습니다.

예
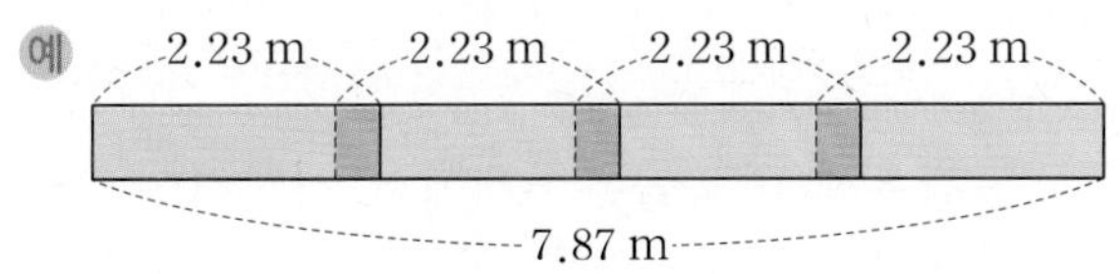

색 테이프 4장을 겹쳐서 한 줄로 이어 붙이면 겹쳐진 부분은 3군데입니다.
(색 테이프 4장의 길이의 합)
$=2.23+2.23+2.23+2.23=8.92$ (m)
(겹쳐진 부분의 길이의 합)
$=8.92-7.87=1.05$ (m)
1.05 m$=105$ cm이므로
(겹쳐진 부분의 길이)$=105\div3=35$ (cm)
따라서 색 테이프를 35 cm$=0.35$ m씩 겹쳐서 이어 붙였습니다.

답 0.35 m

9 각도

각 ㉮의 크기를 기준으로 네 각의 크기 사이의 관계를 그림으로 나타내면 다음과 같습니다.

예
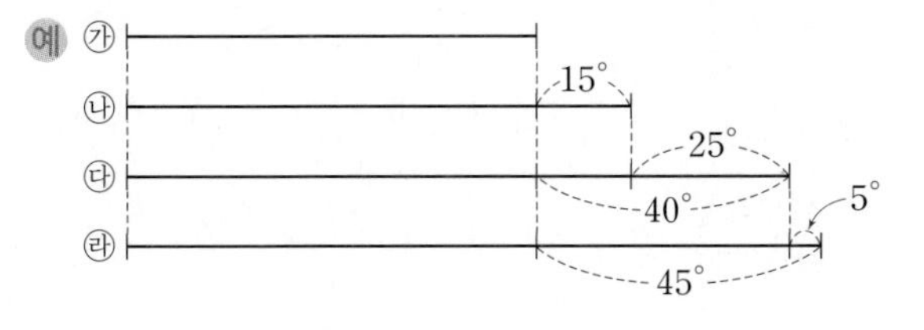

사각형의 네 각의 크기의 합은 $360°$이므로
㉮$+$㉮$+15°+$㉮$+40°+$㉮$+45°=360°$,
㉮$+$㉮$+$㉮$+$㉮$=360°-15°-40°-45°=260°$,
㉮$=260°\div4=65°$입니다.
➡ ㉯$=65°+15°=80°$, ㉰$=65°+40°=105°$, ㉱$=65°+45°=110°$

답 ㉮: $65°$, ㉯: $80°$, ㉰: $105°$, ㉱: $110°$

10 삼각형

• 만들 수 있는 정삼각형

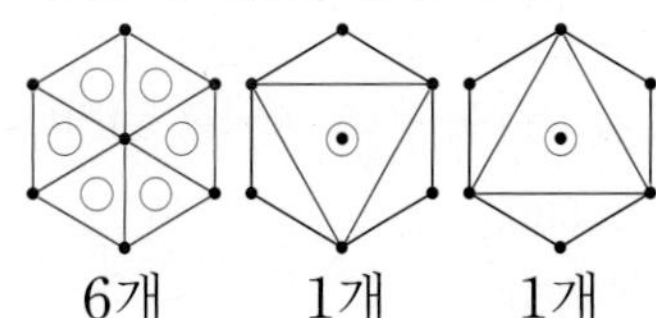

➡ (만들 수 있는 정삼각형의 수)
$=6+1+1=8$(개)

• 만들 수 있는 정삼각형이 아닌 이등변삼각형

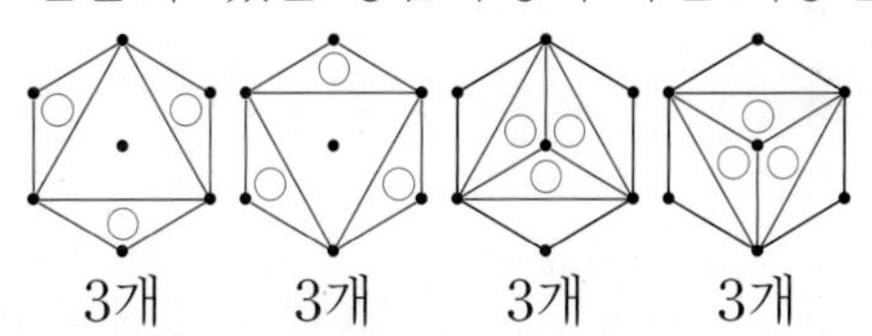

➡ (만들 수 있는 정삼각형이 아닌 이등변삼각형의 수)$=3+3+3+3=12$(개)

따라서 만들 수 있는 정삼각형의 수와 정삼각형이 아닌 이등변삼각형의 수의 차는
$12-8=4$(개)입니다.

답 4개

도전, 창의사고력 34쪽

여러 가지 방법으로 화면을 채워 봅니다.

답
예

참고 이 외에도 여러 가지 정답이 나올 수 있습니다.

표를 만들어 해결하기

전략 세움

익히기 36~41쪽

1 큰 수

 연우와 소연이가 저금한 돈이 같아지는 때는 몇 월까지 저금했을 때입니까?

15000 / 24000

 ❶

월	연우가 저금한 돈(원)	소연이가 저금한 돈(원)
1	15000	0
2	30000	0
3	45000	0
4	60000	24000
5	75000	48000
6	90000	72000
7	105000	96000
8	120000	120000
9	135000	144000

❷ 8

 8

2 큰 수

 저금통에 모은 돈이 호진이가 수지의 2배가 되는 때는 오늘부터 며칠 후입니까?

10000 / 2500 / 5000 / 7500

풀이

❶ (1일 후 수지가 모은 금액)
=10000+2500=12500(원)
(1일 후 호진이가 모은 금액)
=5000+7500=12500(원)
수지는 12500원부터 2500원씩, 호진이는 12500원부터 7500원씩 늘어나도록 표를 만들어 봅니다.

며칠 후	1일 후	2일 후	3일 후	4일 후	5일 후	6일 후
수지가 모은 돈(원)	12500	15000	17500	20000	22500	25000
호진이가 모은 돈(원)	12500	20000	27500	35000	42500	50000

❷ ❶의 표에서 6일 후 수지가 모은 돈은 25000원이고 호진이가 모은 돈은 50000원입니다. 따라서 저금통에 모은 돈이 호진이가 수지의 2배가 되는 때는 오늘부터 6일 후입니다.

답 6일 후

3 규칙 찾기

 여섯째에 알맞은 모양에서 검은색과 흰색 바둑돌 수의 차는 몇 개

풀이 ❶

순서	첫째	둘째	셋째	넷째	다섯째	여섯째
검은색 바둑돌 수(개)	6	8	10	12	14	16
흰색 바둑돌 수(개)	1	2	3	4	5	6
두 바둑돌 수의 차(개)	5	6	7	8	9	10

- 검은색 바둑돌은 6개에서 시작하여 2개씩 늘어나고, 흰색 바둑돌은 1개에서 시작하여 1개씩 늘어납니다.
- 검은색과 흰색 바둑돌 수의 차는 5개에서 시작하여 1개씩 늘어납니다.

❷ 16 / 6, 16, 6, 10

답 10

4 규칙 찾기

 일곱째에 알맞은 도형에서 빨간색과 파란색 정사각형 수의 차는 몇 개

풀이

❶

순서	첫째	둘째	셋째	넷째	다섯째	여섯째	일곱째
빨간색 정사각형 수(개)	2	6	12	20	30	42	56
파란색 정사각형 수(개)	2	3	4	5	6	7	8
두 정사각형 수의 차(개)	0	3	8	15	24	35	48

• 빨간색 정사각형 수는 4개, 6개, 8개…… 씩 늘어나고, 파란색 정사각형 수는 1개씩 늘어납니다.
• 빨간색과 파란색 정사각형 수의 차는 0개에서 시작하여 3개, 5개, 7개…… 씩 늘어납니다.

② 일곱째에 알맞은 도형에서 빨간색 정사각형은 56개, 파란색 정사각형은 8개이므로 두 정사각형 수의 차는 $56-8=48$(개)입니다.

답 48개

5 막대그래프

학생 수가 가장 많은 반과 가장 적은 반의 학생 수의 차는 몇 명

① 5, 3 /

반	1반	2반	3반	4반
남학생 수(명)	15	15	21	18
여학생 수(명)	12	18	9	18
학생 수(명)	27	33	30	36

② 4, 36 / 1, 27 / 36, 27, 9

답 9

6 막대그래프

가장 많은 학생들이 좋아하는 계절과 둘째로 많은 학생들이 좋아하는 계절의 학생 수의 차는 몇 명

① 막대그래프의 가로 눈금 한 칸은 $20 \div 5=4$(명)을 나타냅니다.

계절	봄	여름	가을	겨울
남학생 수(명)	36	20	56	24
여학생 수(명)	28	48	16	36
학생 수(명)	64	68	72	60

② 가장 많은 학생들이 좋아하는 계절은 가을로 72명이고 둘째로 많은 학생들이 좋아하는 계절은 여름으로 68명입니다.
따라서 가을과 여름을 좋아하는 학생 수의 차는 $72-68=4$(명)입니다.

답 4명

적용하기 42~45쪽

1 규칙 찾기

표를 만들어 바닷물의 양이 10 L씩 늘어날 때 얻을 수 있는 소금의 양을 구합니다.

바닷물의 양(L)	10	20	30	40
얻는 소금의 양(kg)	0.3	0.6	0.9	1.2

바닷물의 양이 10 L씩 늘어날 때마다 얻을 수 있는 소금의 양이 0.3 kg씩 늘어납니다.
따라서 소금을 1.2 kg 얻으려면 바닷물은 적어도 40 L가 필요합니다.

답 40 L

2 삼각형

• 삼각형에서 가장 긴 변의 길이는 나머지 두 변의 길이의 합보다 짧아야 합니다.
• 이등변삼각형이므로 두 변의 길이는 같아야 하고, 가장 긴 변의 길이는 12 cm보다 짧아야 합니다.

위의 조건을 만족하도록 삼각형의 세 변의 길이를 표에 나타내면 다음과 같습니다.

길이가 같은 두 변(cm)	11	10	9	8	7
	11	10	9	8	7
길이가 다른 한 변(cm)	2	4	6	8	10

따라서 모양이 서로 다른 이등변삼각형을 모두 5개 만들 수 있습니다.

답 5개

3 큰 수

표를 만들어 바꿀 수 있는 100만 원권 수표와 10만 원권 수표의 수, 전체 수표의 수를 알아보면 다음과 같습니다.

100만 원권 수표 수(장)	8	7	6	5	4	3	2	1
10만 원권 수표 수(장)	4	14	24	34	44	54	64	74
전체 수표 수(장)	12	21	30	39	48	57	66	75

따라서 8400000원을 100만 원권 수표 5장과 10만 원권 수표 34장으로 바꿀 수 있습니다.

답 100만 원권 수표: 5장, 10만 원권 수표: 34장

4

규칙 찾기

검은색과 흰색 바둑돌의 수와 그 차를 표에 나타내면 다음과 같습니다.

순서	첫째	둘째	셋째	넷째	다섯째	여섯째
검은색 바둑돌 수(개)	1	1	6	6	15	15
흰색 바둑돌 수(개)	0	3	3	10	10	21
두 바둑돌 수의 차(개)	1	2	3	4	5	6

따라서 여섯째에 알맞은 모양에서 검은색과 흰색 바둑돌 수의 차는 6개입니다.

답 6개

참고 ■째 모양에서 검은색과 흰색 바둑돌 수의 차는 ■개입니다.

5

꺾은선그래프

꺾은선그래프의 세로 눈금 한 칸은
$10 \div 5 = 2$(개)를 나타냅니다.
가와 나 가게의 아이스크림 판매량을 표로 나타내어 5일 동안의 가게별 전체 판매량을 구하면 다음과 같습니다.

날짜(일)	1	2	3	4	5	합계
가 가게의 판매량(개)	34	16	36	34	44	164
나 가게의 판매량(개)	28	22	32	42	38	162

5일 동안의 아이스크림 판매액은
가 가게는 $164 \times 750 = 123000$(원)이고
나 가게는 $162 \times 800 = 129600$(원)입니다.
5일 동안의 판매액은 나 가게가
$129600 - 123000 = 6600$(원) 더 많습니다.

답 나 가게, 6600원

6

곱셈과 나눗셈

표를 만들어 귤과 사과의 수에 따라 각각의 무게와 전체 무게를 구하면 다음과 같습니다.

귤의 수(개)	15	16	17	18	19	20
귤의 무게(g)	1425	1520	1615	1710	1805	1900
사과의 수(개)	15	14	13	12	11	10
사과의 무게(g)	3750	3500	3250	3000	2750	2500
전체 무게(g)	5175	5020	4865	4710	4555	4400

4.555 kg=4555 g이므로 전체 무게가 4555 g이 되는 경우는 귤을 19개, 사과를 11개 샀을 때입니다.

답 귤: 19개, 사과: 11개

7

사각형

합이 28이고 차가 4인 두 수를 표에 나타내면 다음과 같습니다.

두 수	27	26	25	24	23	22	21
	1	2	3	4	5	6	7
차	26	24	22	20	18	16	14

두 수	20	19	18	17	16	15	14
	8	9	10	11	12	13	14
차	12	10	8	6	4	2	0

합이 28이고 차가 4인 두 수는 16과 12이므로
(선분 ㄴㄹ의 길이)=16 cm,
(선분 ㄱㄷ의 길이)=12 cm입니다.
마름모의 한 대각선은 다른 대각선을 반으로 나누므로 (선분 ㄴㅁ의 길이)$=16 \div 2 = 8$ (cm),
(선분 ㄱㅁ의 길이)$=12 \div 2 = 6$ (cm)입니다.
➡ (삼각형 ㄱㄴㅁ의 둘레)
$=10+8+6=24$ (cm)

답 24 cm

8

규칙 찾기

성민이가 1분에 80 m씩 갔으므로 15분 동안 간 거리는 $80 \times 15 = 1200$ (m)입니다.
아버지가 출발할 때 성민이는 아버지보다
1200 m 앞서 있습니다.
시간에 따라 성민이와 아버지가 간 거리를 표에 나타내면 다음과 같습니다.

아버지가 간 시간(분)	0	1	……	10	……	20
성민이가 간 거리(m)	1200	1280	……	2000	……	2800
아버지가 간 거리(m)	0	140	……	1400	……	2800

아버지와 성민이가 만나게 되는 때는 아버지와 성민이가 간 거리가 같아질 때이므로 아버지가 출발한 지 20분 후에 성민이와 만납니다.

답 20분 후

9 막대그래프

(구슬이 1개씩 들어 있는 주머니의 구슬 수)
$=1\times4=4$(개)
(구슬이 2개씩 들어 있는 주머니의 구슬 수)
$=2\times6=12$(개)
(구슬이 3개씩, 4개씩 들어 있는 주머니에 들어 있는 구슬 수의 합)
$=43-4-12=27$(개)
(구슬이 3개씩, 4개씩 들어 있는 주머니 수의 합)
$=18-4-6=8$(개)
구슬이 3개씩 들어 있는 주머니와 4개씩 들어 있는 주머니의 수의 합이 8개가 되도록 표에 나타내면 다음과 같습니다.

구슬이 3개씩 들어 있는 주머니 수(개)	1	2	3	4	5
구슬이 4개씩 들어 있는 주머니 수(개)	7	6	5	4	3
구슬 수의 합(개)	31	30	29	28	27

따라서 구슬이 4개 들어 있는 주머니는 3개입니다.

답 3개

10 규칙 찾기

배열에서 순서에 따라 만들어지는 삼각형 수와 늘어난 성냥개비 수를 표에 나타내면 다음과 같습니다.

순서	첫째	둘째	셋째	넷째	다섯째
삼각형 수(개)	1 (1×1)	4 (2×2)	9 (3×3)	16 (4×4)	25 (5×5)
늘어난 성냥개비 수(개)	3 (3×1)	6 (3×2)	9 (3×3)	12 (3×4)	15 (3×5)

따라서 삼각형이 25개가 되는 큰 삼각형을 만들 때 필요한 성냥개비는
$3+6+9+12+15=45$(개)입니다.

답 45개

도전, 창의사고력 46쪽

• 돈이 모두 9500원이 되도록 지은이가 가지고 있는 동전 수를 표로 나타내 봅니다.

구분	500원짜리와 100원짜리 동전의 수가 같을 때	100원짜리와 50원짜리 동전의 수가 같을 때
500원짜리 동전 수(개)	15	알맞은 수가 없음.
100원짜리 동전 수(개)	15	15
50원짜리 동전 수(개)	10	15

➡ (지은이가 가지고 있는 동전 수)
$=15+15+10=40$(개)

• 돈이 모두 9500원이 되도록 윤태가 가지고 있는 동전 수를 표로 나타내 봅니다.

구분	500원짜리와 100원짜리 동전의 수가 같을 때	100원짜리와 50원짜리 동전의 수가 같을 때
500원짜리 동전 수(개)	13	13
100원짜리 동전 수(개)	13	20
50원짜리 동전 수(개)	34	20

지은이가 500원짜리와 100원짜리 동전의 수가 같은 저금통을 가지고 있으므로 윤태는 100원짜리와 50원짜리 동전의 수가 같은 저금통을 가지고 있습니다.
➡ (윤태가 가지고 있는 동전 수)
$=13+20+20=53$(개)
따라서 두 사람이 가지고 있는 동전은 모두
$40+53=93$(개)입니다.

93개

거꾸로 풀어 해결하기

익히기 48~53쪽

1 큰 수

문제분석 6개월 전에 저금한 후 통장에 있던 금액

4500000

풀이 ❶ 50만 /

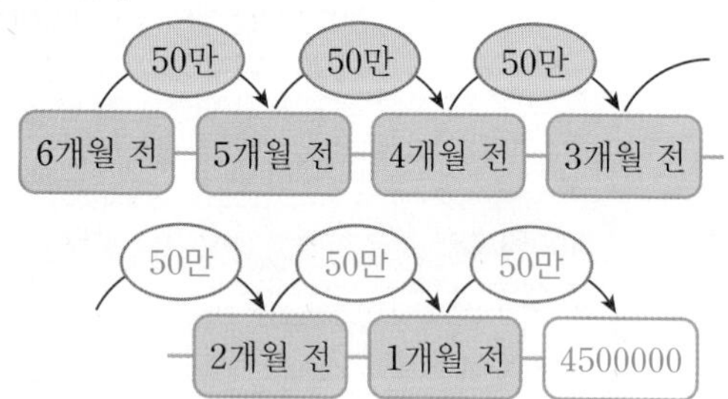

❷ 50만, 6 /

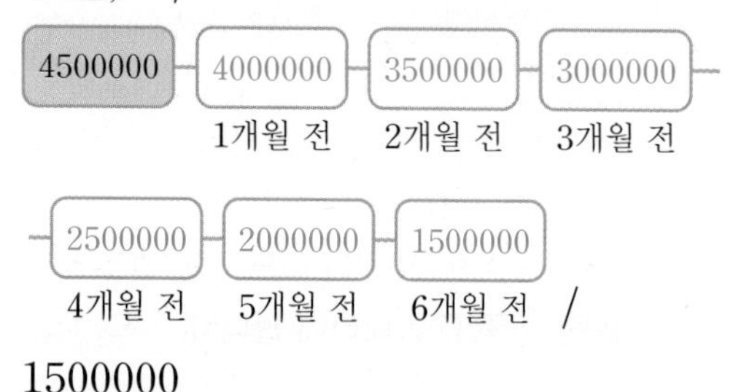

/

1500000

답 1500000

2 큰 수

문제분석 5개월 전에 저금한 후 통장에 있던 금액

100 / 26400000 / 10000

해결전략 101만

풀이

❶ 지윤이의 부모님은 매월 100만 원씩 저금을 하고 매월 10000원씩 이자가 들어오므로 매월 101만 원씩 저금을 하는 것과 같습니다.

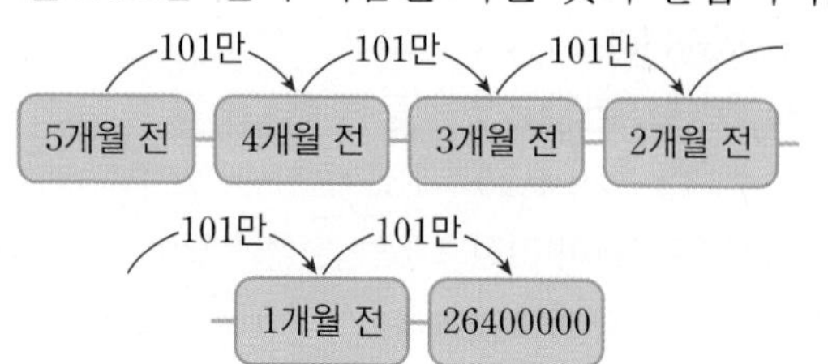

❷ 26400000에서 101만씩 거꾸로 5번 뛰어 세어 봅니다.

따라서 5개월 전에 저금한 후 통장에 있던 금액은 21350000원입니다.

답 21350000원

3 분수의 덧셈과 뺄셈

문제분석 바르게 계산하면 얼마입니까?

$1\frac{2}{5}$ / $1\frac{2}{5}$, 4

해결전략 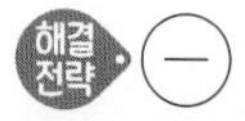

풀이 ❶ $1\frac{2}{5}$, 4 / 4, $1\frac{2}{5}$, $2\frac{3}{5}$

❷ $1\frac{2}{5}$, $2\frac{3}{5}$, $1\frac{2}{5}$, $1\frac{1}{5}$

답 $1\frac{1}{5}$

4 소수의 덧셈과 뺄셈

문제분석 바르게 계산하면 얼마입니까?

4.8 / 4.8, 15.73

해결전략 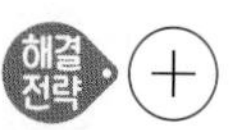

풀이

❶ 잘못 계산한 식은

(어떤 수)$-4.8=15.73$이므로

(어떤 수)$=15.73+4.8=20.53$입니다.

❷ 바르게 계산하면

(어떤 수)$+4.8=20.53+4.8=25.33$입니다.

답 25.33

5 평면도형의 이동

문제분석 처음 도형을 그려 보시오.

뒤집기 / 돌리기

해결전략 

풀이 ❶ 180 / 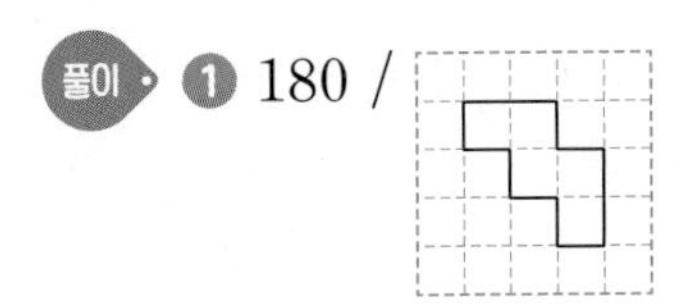

❷ 1 / 1 / 1

답 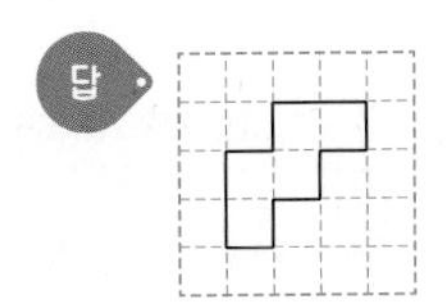

6

평면도형의 이동

 처음 도형을 그려 보시오.

돌리기 / 뒤집기

 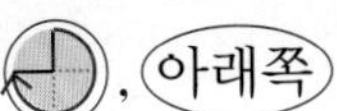, 아래쪽

❶ 위쪽으로 3번 뒤집은 도형은 위쪽으로 1번 뒤집은 도형과 같습니다.
위쪽으로 1번 뒤집기 전의 도형은 아래쪽으로 1번 뒤집은 도형과 같습니다.

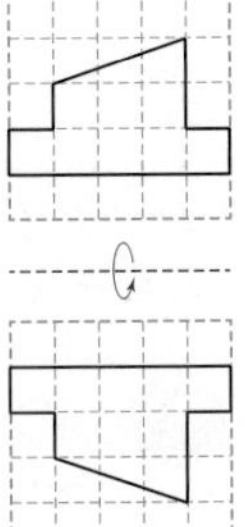

❷ 시계 반대 방향으로 270°만큼 돌리기 전의 도형은 시계 방향으로 270°만큼 돌린 도형과 같으므로 ❶에서 그린 도형을 시계 방향으로 270°만큼 돌린 도형을 그립니다.

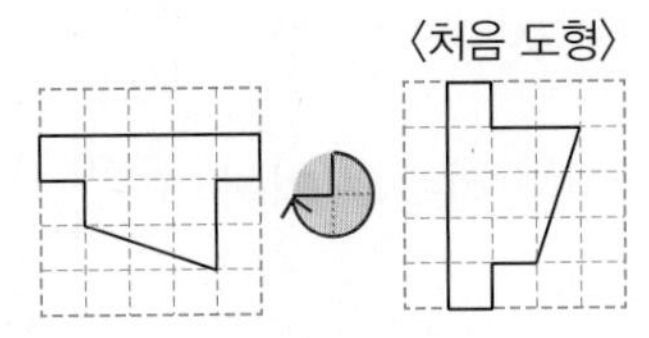

답 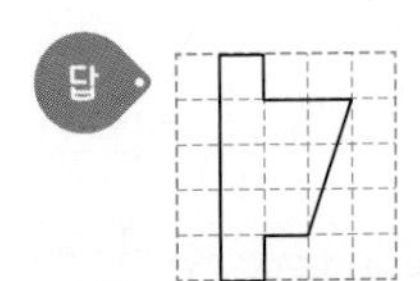

참고 시계 방향으로 270°만큼 돌린 도형은 시계 반대 방향으로 90°만큼 돌린 도형과 같습니다.

적용하기 54~57쪽

1

큰 수

4조 3000억에서 2000억씩 거꾸로 4번 뛰어 세어 봅니다.

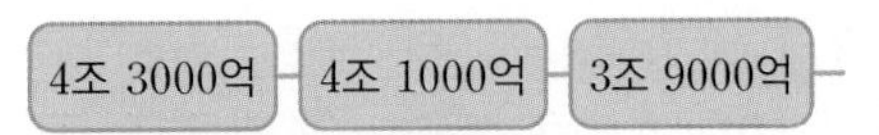

따라서 어떤 수는 3조 5000억입니다.

답 3조 5000억

2

분수의 덧셈과 뺄셈

$\frac{5}{7}$☆㉠$=\frac{5}{7}+\frac{5}{7}+$㉠$=\frac{10}{7}+$㉠$=1\frac{3}{7}+$㉠

이므로 $1\frac{3}{7}+$㉠$=3\frac{1}{7}$,

㉠$=3\frac{1}{7}-1\frac{3}{7}=2\frac{8}{7}-1\frac{3}{7}=1\frac{5}{7}$입니다.

답 $1\frac{5}{7}$

3

소수의 덧셈과 뺄셈

5.61보다 1.88 작은 수는 5.61－1.88＝3.73입니다.

어떤 수의 $\frac{1}{10}$인 수가 3.73이므로 어떤 수는 3.73을 10배 한 수입니다.
3.73의 10배는 37.3이므로 어떤 수는 37.3입니다.
따라서 37.3을 100배 한 수는 3730입니다.

답 3730

4

분수의 덧셈과 뺄셈

(수현이가 고무 찰흙 $3\frac{2}{9}$개를 쓰기 전 가지고 있던 고무 찰흙 수)$=\frac{1}{9}+3\frac{2}{9}=3\frac{3}{9}$(개)

(수현이가 혜지에게 받기 전 가지고 있던 고무 찰흙 수)$=3\frac{3}{9}-1\frac{5}{9}=2\frac{12}{9}-1\frac{5}{9}=1\frac{7}{9}$(개)

따라서 수현이가 처음에 가지고 있던 고무 찰흙은 $1\frac{7}{9}$개입니다.

답 $1\frac{7}{9}$개

5

소수의 덧셈과 뺄셈

정사각형 모양의 색종이의 한 변의 길이를 △ cm라고 하면 만든 직사각형의 가로와 세로의 합은 $\underbrace{△+△+\cdots\cdots+△+△}_{10번}=△\times10$ (cm)입니다.

만든 직사각형의 가로와 세로의 합은 색종이의 한 변의 길이의 10배이므로 색종이의 한 변의 길이는 만든 직사각형의 가로와 세로의 합의 $\frac{1}{10}$입니다.

따라서 82.75의 $\frac{1}{10}$은 8.275이므로 정사각형 모양의 색종이의 한 변의 길이는 8.275 cm입니다.

답 8.275 cm

6 곱셈과 나눗셈

(어떤 수)$\times$19$=$912이므로
(어떤 수)$=$912$\div$19$=$48입니다.
바르게 계산하면 48$\div$19$=$2$\cdots$10입니다.
따라서 바르게 계산했을 때의 몫은 2이고 나머지는 10이므로 합은 2$+$10$=$12입니다.

답 12

7 곱셈과 나눗셈

(막내가 가진 용돈)$=$(남은 돈)$=$450원
(작은형이 가진 용돈)$=$(막내가 가진 용돈)$\times$14
$=$450$\times$14$=$6300(원)
(큰형이 가진 용돈)$=$(작은형이 가진 용돈)$\times$3
$=$6300$\times$3$=$18900(원)
➡ (아버지께서 주신 용돈)
$=$18900$+$6300$+$450$+$450$=$26100(원)

답 26100원

8 다각형

(정삼각형을 만드는 데 사용한 철사 길이)
$=4.6+4.6+4.6=13.8$ (cm)
(석후가 정삼각형을 만들기 전 가지고 있던 철사 길이)$=2.7+13.8=16.5$ (cm)
(석후가 친구에게 주기 전 가지고 있던 철사 길이)
$=16.5+6.5=23$ (cm)
(정오각형을 만드는 데 사용한 철사 길이)
$=3\frac{2}{10}+3\frac{2}{10}+3\frac{2}{10}+3\frac{2}{10}+3\frac{2}{10}$
$=16$ (cm)

따라서 석후가 처음에 가지고 있던 철사는 $23+16=39$ (cm)입니다.

답 39 cm

9 평면도형의 이동

- 시계 방향으로 90°만큼 돌리기 전 도형은 시계 반대 방향으로 90°만큼 돌린 도형과 같습니다.
- 왼쪽으로 5번 뒤집은 도형은 왼쪽으로 1번 뒤집은 도형과 같습니다.

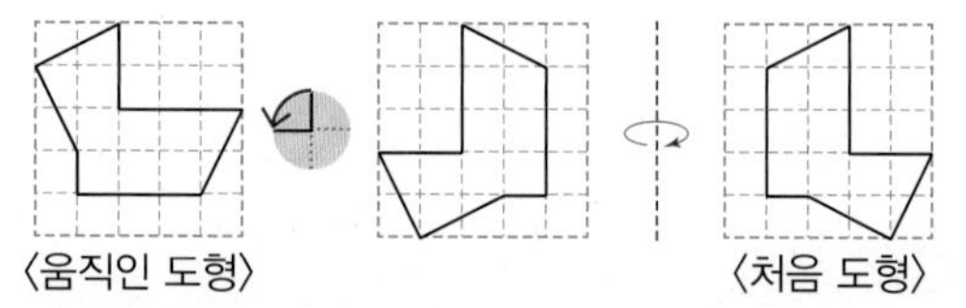
〈움직인 도형〉 〈처음 도형〉

처음 도형을 시계 방향으로 180°만큼 돌린 도형을 그려 봅니다.

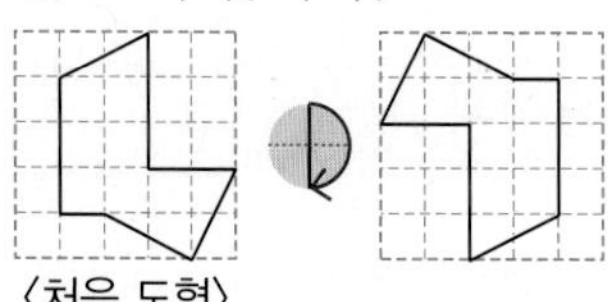
〈처음 도형〉

답 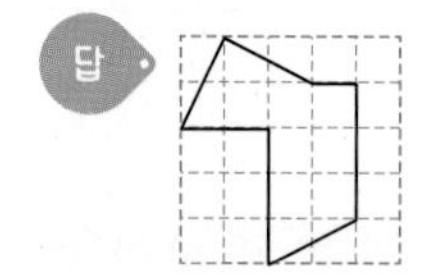

10 분수의 덧셈과 뺄셈

- (㉣ 선수의 기록)$=$(㉢ 선수의 기록)$-\frac{8}{10}$이므로
(㉢ 선수의 기록)$=$(㉣ 선수의 기록)$+\frac{8}{10}$
$=4\frac{3}{10}+\frac{8}{10}=5\frac{1}{10}$ (m)입니다.
- (㉢ 선수의 기록)$=$(㉡ 선수의 기록)$+1\frac{1}{10}$이므로
(㉡ 선수의 기록)$=$(㉢ 선수의 기록)$-1\frac{1}{10}$
$=5\frac{1}{10}-1\frac{1}{10}=4$ (m)입니다.
- (㉡ 선수의 기록)$=$(㉠ 선수의 기록)$-\frac{5}{10}$이므로
(㉠ 선수의 기록)$=$(㉡ 선수의 기록)$+\frac{5}{10}$
$=4+\frac{5}{10}=4\frac{5}{10}$ (m)입니다.

답 $4\frac{5}{10}$ m

도전, 창의사고력 58쪽

거울에 비친 모양은 오른쪽 (또는 왼쪽)으로 뒤집은 모양과 같습니다.

위아래가 바뀌어 놓여 있는 모양은 시계 방향 (또는 시계 반대 방향)으로 180°만큼 돌린 모양과 같습니다.

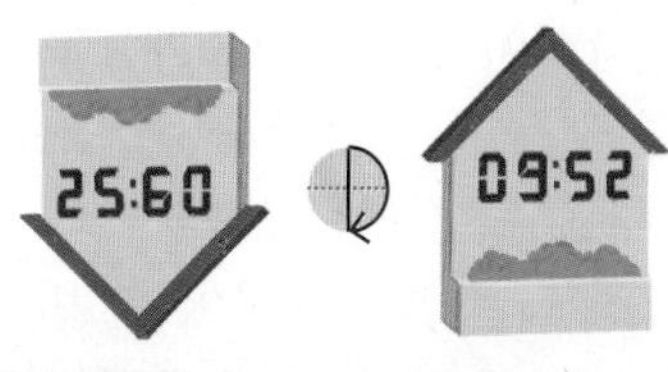

따라서 전자시계가 가리키는 시각은 9시 52분입니다.

답 9시 52분

규칙을 찾아 해결하기

전략 세움

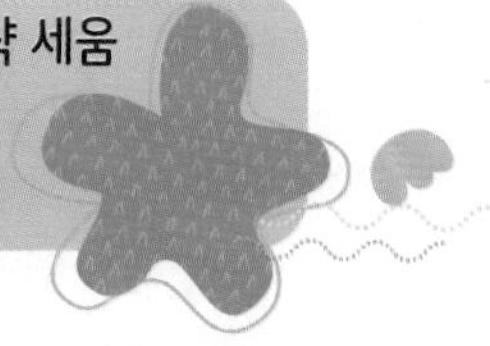

익히기 60~65쪽

1 규칙 찾기

문제분석 8을 30번 곱했을 때 일의 자리 숫자

8

해결전략 일

풀이 ❶ 8 / 8, 64, 4 / 4, 32, 2 / 2, 16, 6 / 8, 4, 2, 6

❷ 4, 7, 2 / 2 / 4

답 4

2 규칙 찾기

문제분석 3을 100번 곱했을 때 일의 자리 숫자

3

풀이

❶ 3을 5번 곱했을 때 일의 자리 숫자는 3입니다.
3을 6번 곱했을 때 일의 자리 숫자는 $3\times3=9$이므로 9,
3을 7번 곱했을 때 일의 자리 숫자는 $9\times3=27$이므로 7,
3을 8번 곱했을 때 일의 자리 숫자는 $7\times3=21$이므로 1입니다.
➡ 곱의 일의 자리 숫자는 3, 9, 7, 1이 반복됩니다.

❷ $100\div4=25$이므로 3을 100번 곱했을 때 일의 자리 숫자는 3을 4번 곱했을 때의 일의 자리 숫자와 같습니다.
따라서 3을 100번 곱했을 때 일의 자리 숫자는 1입니다.

답 1

3 규칙 찾기

문제분석 일곱째에 알맞은 도형에서 가장 작은 삼각형은 몇 개

풀이 ❶ 3, 4 / 1, 3, 5, 9 / 1, 3, 5, 7, 16 / 5, 7

❷ 1, 3, 5, 7, 9, 11, 13, 49

답 49

4 규칙 찾기

문제분석 여섯째에 알맞은 도형에서 가장 작은 정사각형은 몇 개

풀이

❶ 첫째: 가장 작은 정사각형이 1개
둘째: 가장 작은 정사각형이 한 변에 $1\times2=2$(개)씩 있으므로 가장 작은 정사각형이 $2\times2=4$(개)

셋째: 가장 작은 정사각형이 한 변에
$2\times2=4$(개)씩 있으므로 가장 작은 정사각형이 $4\times4=16$(개)
➡ 한 변에 놓이는 가장 작은 정사각형의 수가 2배씩 늘어나는 규칙입니다.

❷ 넷째: 가장 작은 정사각형이 한 변에
$4\times2=8$(개)씩 있으므로 가장 작은 정사각형이 $8\times8=64$(개)
다섯째: 가장 작은 정사각형이 한 변에
$8\times2=16$(개)씩 있으므로 가장 작은 정사각형이 $16\times16=256$(개)
여섯째: 가장 작은 정사각형이 한 변에
$16\times2=32$(개)씩 있으므로 가장 작은 정사각형이 $32\times32=1024$(개)
따라서 여섯째에 알맞은 도형에서 가장 작은 정사각형은 1024개입니다.

답 1024개

5 삼각형

문제분석 정삼각형 10개를 이어 붙여 만든 도형의 둘레는 몇 cm

5

풀이 ❶ 3 / 2, 4 / 2, 3, 5 / 2, 4, 6 / 2, 10, 12
❷ 12, 12, 60

답 60

6 다각형

문제분석 정육각형 27개를 이어 붙인 도형의 둘레는 몇 cm

6

풀이

❶ 정육각형을 3개씩 묶어 변의 수의 규칙을 찾습니다.

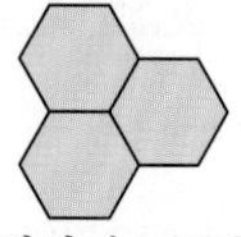
변의 수: 12개

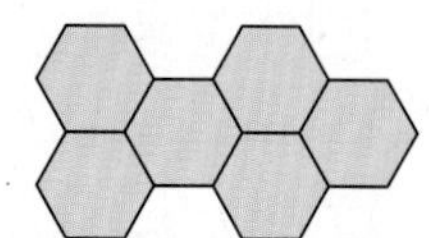
변의 수: $12+8=20$(개)

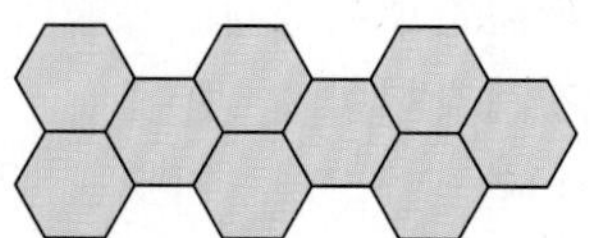
변의 수: $12+8+8=28$(개)

따라서 정육각형 27개를 이어 붙인 도형의 둘레에서 정육각형 한 변의 수는
$12+\underbrace{8+8+\cdots\cdots+8}_{8개}=12+64=76$(개)

❷ (정육각형 27개를 이어 붙인 도형의 둘레)
$=6\times76=456$ (cm)

답 456 cm

적용하기 66~69쪽

1 규칙 찾기

점은 첫째: $4=2\times2$, 둘째: $9=3\times3$,
셋째: $16=4\times4$이므로 넷째에 알맞은 도형의 점의 수는 $5\times5=25$(개)이고 다섯째에 알맞은 도형의 점의 수는 $6\times6=36$(개)입니다.

답 36개

참고 넷째와 다섯째에 알맞은 도형을 그리면 다음과 같습니다.

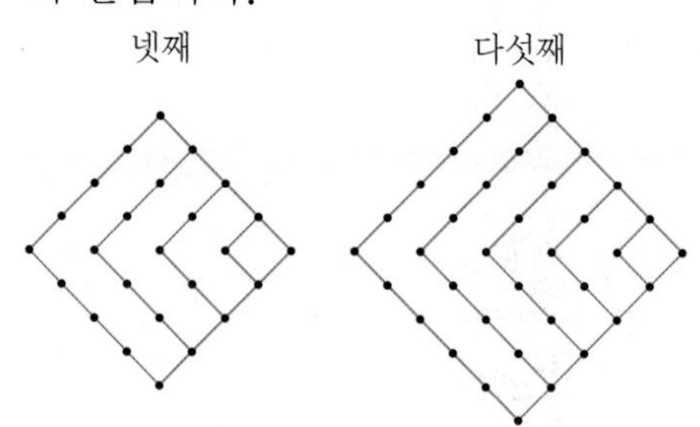

2 평면도형의 이동

도형을 오른쪽(왼쪽)으로 뒤집기, 위쪽(아래쪽)으로 뒤집기를 번갈아 가며 하는 규칙입니다.
따라서 빈 곳에 다섯째 도형을 오른쪽(왼쪽)으로 뒤집은 도형을 그립니다.

답 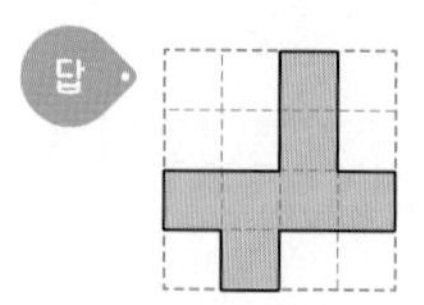

3 소수의 덧셈과 뺄셈

$0.234-0.123=0.111$,
$0.345-0.234=0.111$,
$0.456-0.345=0.111\cdots\cdots$이므로 0.111씩 뛰어 센 규칙입니다.

같은 규칙으로 1.024부터 0.111씩 5번 뛰어 세어 봅니다.

1.024 - 1.135 - 1.246 - 1.357 - 1.468 - 1.579

따라서 1.024부터 5번 뛰어 센 소수는 1.579입니다.

답 1.579

4 규칙 찾기

- 왼쪽 계산식에서 계산 결과가 아래로 내려갈수록 한 자리씩 늘어나고, 각 자리 숫자는 1씩 작아지고 있으므로 ㉠=987654입니다.
- 오른쪽 계산식에서 가장 왼쪽 수가 아래로 내려갈수록 한 자리씩 늘어나고, 각 자리 숫자는 1씩 작아지고 있으므로 ㉡=987654입니다.

➡ ㉠+㉡=987654+987654=1975308

답 1975308

5 꺾은선그래프

꺾은선그래프에서 세로 눈금 한 칸의 크기는 $20 \div 5 = 4$(마리)입니다.
1시, 2시, 3시, 4시, 5시에 미생물 수를 표에 나타내면 다음과 같습니다.

시각	오후 1시	오후 2시	오후 3시	오후 4시	오후 5시
미생물 수(마리)	4	8	16	32	64

미생물 수가 한 시간마다 2배로 늘어나고 있으므로 오후 6시에는 $64 \times 2 = 128$(마리), 오후 7시에는 $128 \times 2 = 256$(마리)가 됩니다.

답 256마리

6 규칙 찾기

각 순서와 공깃돌 수를 표에 나타내면 다음과 같습니다.

순서	첫째	둘째	셋째	넷째
공깃돌 수(개)	3	8	15	24
계산식	1×3	2×4	3×5	4×6

□째에 놓이는 공깃돌 수는 □×(□보다 2 큰 수)입니다.
두 수의 차가 2이면서 곱해서 99가 되는 수를 구하면 9와 11입니다.
따라서 공깃돌이 99개 놓이는 것은 아홉째입니다.

답 아홉째

7 규칙 찾기

A7 종이는 A8 종이 2장이고, A6 종이는 A7 종이 2장이므로 A6 종이는 A8 종이로 $2 \times 2 = 4$(장)입니다.
A5 종이는 A6 종이 2장이므로 A8 종이로 $4 \times 2 = 8$(장), A4 종이는 A5 종이 2장이므로 A8 종이로 $8 \times 2 = 16$(장), A3 종이는 A4 종이 2장이므로 A8 종이로 $16 \times 2 = 32$(장), A2 종이는 A3 종이 2장이므로 A8 종이로 $32 \times 2 = 64$(장), A1 종이는 A2 종이 2장이므로 A8 종이로 $64 \times 2 = 128$(장)입니다.

답 128장

8 규칙 찾기

수가 6부터 시작하여 8씩 커지는 규칙입니다.
둘째: $8 \times 1 = 8$, $8 + 6 = 14$
셋째: $8 \times 2 = 16$, $16 + 6 = 22$
넷째: $8 \times 3 = 24$, $24 + 6 = 30$
다섯째: $8 \times 4 = 32$, $32 + 6 = 38$
⋮
12째: $8 \times 11 = 88$, $88 + 6 = 94$
13째: $8 \times 12 = 96$, $96 + 6 = 102$
따라서 100보다 큰 수는 13째에 처음으로 나옵니다.

답 13째

9 삼각형

첫째: (정삼각형의 한 변의 길이)=4 cm
➡ (세 변의 길이의 합)=$4 \times 3 = 12$ (cm)
둘째: (정삼각형의 한 변의 길이)
=$4 \times 2 = 8$ (cm)
➡ (세 변의 길이의 합)=$8 \times 3 = 24$ (cm)
셋째: (정삼각형의 한 변의 길이)
=$4 \times 3 = 12$ (cm)
➡ (세 변의 길이의 합)=$12 \times 3 = 36$ (cm)
⋮
정삼각형의 한 변의 길이가 4 cm씩 늘어나므로 12째에 만든 정삼각형의 한 변의 길이는

$4\times12=48$ (cm)이고, 정삼각형의 세 변의 길이의 합은 $48\times3=144$ (cm)입니다.

답 144 cm

10
분수의 덧셈과 뺄셈

분모가 40인 대분수의 자연수 부분은 1씩 커지고, 분자는 2씩 커지는 규칙입니다.

자연수 부분을 모두 더하면

$1+2+3+4+5+6+7+8+9+10+11+12+13+14+15$
$=(1+15)+(2+14)+\cdots\cdots+(7+9)+8$
$=\underbrace{16+16+\cdots+16}_{7개}+8=16\times7+8=120$

대분수의 분자를 모두 더하면

$2+4+6+8+10+12+14+16+18+20+22+24+26+28+30$
$=(2+30)+(4+28)+\cdots\cdots+(14+18)+16$
$=\underbrace{32+32+\cdots+32}_{7개}+16=32\times7+16=240$

따라서 첫째부터 15째까지 분수들의 합은

$1\frac{2}{40}+2\frac{4}{40}+\cdots\cdots+14\frac{28}{40}+15\frac{30}{40}$
$=120\frac{240}{40}=126$

답 126

도전, 창의사고력
70쪽

다음과 같이 겹쳐서 붙였을 때 보이지 않는 색종이의 수가 가장 작게 됩니다.

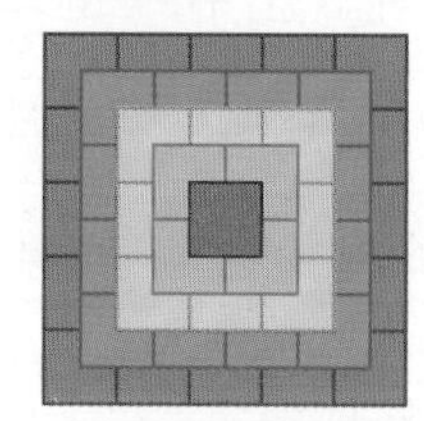

정사각형을 만드는 데 사용한 색종이의 수와 보이지 않는 색종이의 수를 표에 나타내어 규칙을 찾아봅니다.

구분	빨간색	주황색	노란색	초록색	파란색
사용한 색종이의 수(장)	1×1 $=1$	2×2 $=4$	3×3 $=9$	4×4 $=16$	5×5 $=25$
보이지 않는 색종이의 수(장)	0	0	1×1 $=1$	2×2 $=4$	3×3 $=9$

사용한 색종이의 수가 □×□일 때 보이지 않는 색종이의 수는

(□보다 2 작은 수)×(□보다 2 작은 수)가 되는 규칙입니다.

따라서 보이지 않는 색종이는 모두

$1+4+9=14$(장)입니다.

 14장

예상과 확인으로 해결하기
전략 세움

익히기
72~75쪽

1
곱셈과 나눗셈

 무게가 200 g인 감자와 200 g인 고구마를 각각 몇 개 캔 것인지 구하시오.

20 / 4550

 4550

 ❶ 10, 10 / 10, 2000 / 10, 2500 / 2000, 2500, 4500 / 틀렸습니다

❷ 9, 11 / 9, 1800 / 11, 2750 / 1800, 2750, 4550 / 맞았습니다

❸ 9, 11

답 9, 11

2
곱셈과 나눗셈

 상자와 바구니는 각각 몇 개

112 / 25, 2998

 2998

풀이

❶ 상자가 5개라고 예상하면 바구니는 $25-5=20$(개)입니다.
(상자 5개에 들어 있는 귤의 수) $=145\times5=725$(개)
(바구니 20개에 들어 있는 귤의 수) $=112\times20=2240$(개)
(전체 귤의 수) $=725+2240=2965$(개)
➡ 예상이 틀렸습니다.

❷ 상자가 6개라고 예상하면 바구니는 $25-6=19$(개)입니다.
(상자 6개에 들어 있는 귤의 수) $=145\times6=870$(개)
(바구니 19개에 들어 있는 귤의 수) $=112\times19=2128$(개)
(전체 귤의 수) $=870+2128=2998$(개)
➡ 예상이 맞았습니다.

❸ 상자는 6개, 바구니는 19개입니다.

답 상자: 6개, 바구니: 19개

3 곱셈과 나눗셈

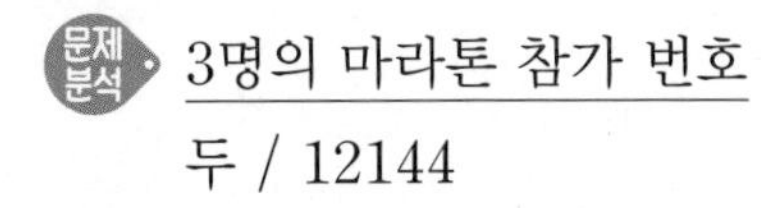
문제분석 3명의 마라톤 참가 번호
두 / 12144

해결전략 12144

풀이 ❶ 21, 22 / 21, 22, 9240 / 틀렸습니다
❷ 22, 23 / 22, 23, 12144 / 맞았습니다
❸ 22, 23, 24

답 22, 23, 24

4 곱셈과 나눗셈

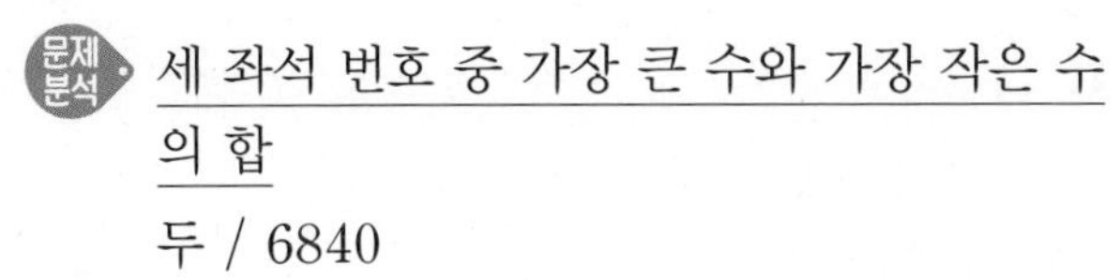
문제분석 세 좌석 번호 중 가장 큰 수와 가장 작은 수의 합
두 / 6840

해결전략 6840

풀이

❶ 연속하는 세 수 중 가장 작은 수를 19라고 예상하면 세 수는 19, 20, 21입니다.
(연속하는 세 수의 곱) $=19\times20\times21=7980$
➡ 예상이 틀렸습니다.

❷ 연속하는 세 수 중 가장 작은 수를 18이라고 예상하면 세 수는 18, 19, 20입니다.
(연속하는 세 수의 곱) $=18\times19\times20=6840$
➡ 예상이 맞았습니다.
따라서 3명의 영화관 좌석 번호는 18번, 19번, 20번입니다.

❸ 세 좌석 번호가 18번, 19번, 20번이므로 가장 큰 수는 20이고 가장 작은 수는 18입니다.
따라서 가장 큰 수와 가장 작은 수의 합은 $20+18=38$입니다.

답 38

적용하기 76~79쪽

1 규칙 찾기

$2\times2=4$, $8\times8=64$이므로 같은 두 수를 곱하여 1444가 되려면 곱한 수의 일의 자리 숫자는 2 또는 8이어야 합니다.
$30\times30=900$, $40\times40=1600$이므로 곱한 수의 십의 자리 숫자는 3이어야 합니다.

- 곱한 수를 32라고 예상하면 $32\times32=1024$
  ➡ 예상이 틀렸습니다.
- 곱한 수를 38이라고 예상하면 $38\times38=1444$
  ➡ 예상이 맞았습니다.

따라서 구하는 수는 38입니다.

답 38

2 곱셈과 나눗셈

- □$=31$이라고 예상하면
  $314\times31=9734$ ➡ $10000-9734=266$
- □$=32$라고 예상하면
  $314\times32=10048$ ➡ $10048-10000=48$

9734와 10048 중에서 10000에 더 가까운 수는 10048입니다.
따라서 □ 안에 알맞은 수는 32입니다.

답 32

3 곱셈과 나눗셈

- 어른이 10명이라고 예상하면 어린이는 $30-10=20$(명)입니다.

(어른 10명의 입장료) $=2500\times10=25000$(원),
(어린이 20명의 입장료)
$=1800\times20=36000$(원)이므로
(전체 30명의 입장료)
$=25000+36000=61000$(원)입니다.
➡ 예상이 틀렸습니다.
• 어른이 11명이라고 예상하면 어린이는
$30-11=19$(명)입니다.
(어른 11명의 입장료)$=2500\times11=27500$원,
(어린이 19명의 입장료)
$=1800\times19=34200$(원)이므로
(전체 30명의 입장료)
$=27500+34200=61700$(원)입니다.
➡ 예상이 맞았습니다.
따라서 미술관에 입장한 어른은 11명, 어린이는 19명입니다.

답 어른: 11명, 어린이: 19명

4
곱셈과 나눗셈

• 장미가 10송이씩 15묶음 있다고 예상하면 장미는 $10\times15=150$, $150+9=159$(송이)이므로 $159\div13=12\cdots3$ ➡ 예상이 틀렸습니다.
• 장미가 10송이씩 16묶음 있다고 예상하면 장미는 $10\times16=160$, $160+9=169$(송이)이므로 $169\div13=13$ ➡ 예상이 맞았습니다.
따라서 아버지께서 사 오신 장미는 169송이입니다.

답 169송이

5
곱셈과 나눗셈

• 레몬청이 11병이라고 예상하면 탄산수는 12병이므로 (레몬청의 양)$=285\times11=3135$ (mL),
(탄산수의 양)$=330\times12=3960$ (mL),
(레몬청과 탄산수의 양)
$=3135+3960=7095$ (mL)
➡ 예상이 틀렸습니다.
• 레몬청이 12병이라고 예상하면 탄산수는 11병이므로 (레몬청의 양)$=285\times12=3420$ (mL),
(탄산수의 양)$=330\times11=3630$ (mL),
(레몬청과 탄산수의 양)
$=3420+3630=7050$ (mL)
➡ 예상이 맞았습니다.
따라서 레몬청은 12병, 탄산수는 11병 사 왔습니다.

답 레몬청: 12병, 탄산수: 11병

6
큰 수

서로 다른 숫자가 적힌 카드이므로 ㉠에 알맞은 숫자는 2, 5, 7, 8, 9 중 하나입니다.
6장의 수 카드로 만들 수 있는 가장 작은 12자리 수는 1001□□□□□□□□□이므로
가장 큰 수와 가장 작은 수의 차가 565410885534가 되려면 가장 큰 수의 천억의 자리 숫자는 6이어야 합니다.
따라서 가장 큰 수는 6이므로 ㉠이 될 수 있는 숫자는 2 또는 5입니다.
• ㉠$=2$라고 예상하면
$664433221100-100122334466$
$=564310886634$입니다.
➡ 예상이 틀렸습니다.
• ㉠$=5$라고 예상하면
$665544331100-100133445566$
$=565410885534$입니다.
➡ 예상이 맞았습니다.
따라서 ㉠에 알맞은 숫자는 5입니다.

답 5

7
소수의 덧셈과 뺄셈

㉠, ㉡, ㉢, ㉣, ㉤은 연속하는 자연수이므로 ㉢$=$㉠$+2$입니다.
㉠.㉡㉢과 ㉢.㉣㉤의 합이 9보다 크고 10보다 작으므로 ㉠$+$㉢은 8이거나 9입니다.
• ㉠$+$㉢$=8$이면 ㉠$=3$, ㉢$=5$입니다.
• ㉠$+$㉢이 9가 되는 자연수 ㉠과 ㉢은 없습니다.
따라서 ㉢.㉣㉤은 5.67이므로 ㉢.㉣㉤의 100배는 567입니다.

답 567

8
곱셈과 나눗셈

남은 밤이 4개이므로 나누어 준 밤은
$46-4=42$(개)입니다.
나누어 준 밤이 42개이고 $6\times7=42$이므로 먼저 6명, 7명에게 나누어 주었다고 예상해 봅니다.
• 6명에게 나누어 주었다고 예상하면
밤: $46\div6=7\cdots4$, 호두: $75\div6=12\cdots3$,
땅콩: $52\div6=8\cdots4$
밤은 4개, 호두는 3개, 땅콩은 4개 남습니다.
➡ 예상이 틀렸습니다.

• 7명에게 나누어 주었다고 예상하면
밤: $46 \div 7 = 6 \cdots 4$, 호두: $75 \div 7 = 10 \cdots 5$,
땅콩: $52 \div 7 = 7 \cdots 3$
밤은 4개, 호두는 5개, 땅콩은 3개 남습니다.
➡ 예상이 맞았습니다.
따라서 밤, 호두, 땅콩을 7명에게 나누어 주었습니다.

답 7명

9 곱셈과 나눗셈

㉮×6의 일의 자리 숫자가 2이므로 ㉮는 2 또는 7입니다.
• ㉮=2라고 예상하면 $542 \times 6 = 3252$입니다.
➡ 예상이 틀렸습니다.
• ㉮=7이라고 예상하면 $547 \times 6 = 3282$입니다.
➡ 예상이 맞았습니다.
㉮=7, ㉰=3입니다.
547×㉯의 계산 결과가 세 자리 수이므로
㉯=1입니다.
$547 \times 1 = 547$이므로 ㉱=5, ㉲=7입니다.
$8 + 7 = 15$이므로 ㉳=5입니다.

답 ㉮: 7, ㉯: 1, ㉰: 3,
㉱: 5, ㉲: 7, ㉳: 5

10 곱셈과 나눗셈

나머지가 77이므로 나누는 수는 77보다 커야 합니다.
• 나누는 수를 78이라고 예상하면 나누어지는 수는 $78 \times 4 = 312$, $312 + 77 = 389$이므로 나눗셈식을 만들면 $389 \div 78 = 4 \cdots 77$입니다.
➡ 예상이 틀렸습니다.
• 나누는 수를 82라고 예상하면 나누어지는 수는 $82 \times 4 = 328$, $328 + 77 = 405$이므로 나눗셈식을 만들면 $405 \div 82 = 4 \cdots 77$입니다.
➡ 예상이 틀렸습니다.
• 나누는 수를 87이라고 예상하면 나누어지는 수는 $87 \times 4 = 348$, $348 + 77 = 425$이므로 나눗셈식을 만들면 $425 \div 87 = 4 \cdots 77$입니다.
➡ 수 카드를 한 번씩 모두 사용하였으므로 예상이 맞았습니다.
따라서 나눗셈식을 완성하면 $425 \div 87 = 4 \cdots 77$입니다.

답 $425 \div 87$

도전, 창의사고력 80쪽

주사위의 눈의 수 1 또는 2 또는 3 또는 5가 나온 횟수는 $8 + 3 + 6 + 2 = 19$(번)이므로 주사위의 눈의 수 4 또는 6이 나온 횟수는 $25 - 19 = 6$(번)입니다.
• 주사위의 눈의 수 4가 3번, 6이 3번 나온다고 예상하면

주시위의 눈의 수	1	2	3	4	5	6
눈이 나온 횟수(번)	8	3	6	3	2	3
점수(점)	8	6	18	12	10	18

(얻은 점수의 합)
$= 8 + 6 + 18 + 12 + 10 + 18 = 72$(점)
➡ 예상이 틀렸습니다.
• 주사위의 눈의 수 4가 4번, 6이 2번 나온다고 예상하면

주사위의 눈의 수	1	2	3	4	5	6
눈이 나온 횟수(번)	8	3	6	4	2	2
점수(점)	8	6	18	16	10	12

(얻은 점수의 합)
$= 8 + 6 + 18 + 16 + 10 + 12 = 70$(점)
➡ 예상이 틀렸습니다.
• 주사위의 눈의 수 4가 5번, 6이 1번 나온다고 예상하면

주사위의 눈의 수	1	2	3	4	5	6
눈이 나온 횟수(번)	8	3	6	5	2	1
점수(점)	8	6	18	20	10	6

(얻은 점수의 합)
$= 8 + 6 + 18 + 20 + 10 + 6 = 68$(점)
➡ 예상이 맞았습니다.
따라서 주사위의 눈의 수 4가 5번, 6이 1번 나왔습니다.

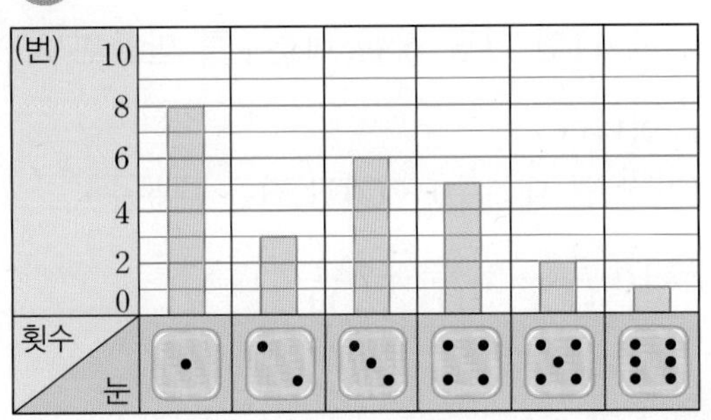

조건을 따져 해결하기

전략 세움

익히기 82~89쪽

1 분수의 덧셈과 뺄셈

문제분석 만들 수 있는 가장 큰 대분수와 가장 작은 대분수의 합

5, 7, 4 / 8

해결전략 큰수록 / 큰수록

풀이 ❶ 7, 5, 4, 2 / 7 / 7, 5 / 2 / 2, 4

❷ $7\frac{5}{8}$, $2\frac{4}{8}$, $10\frac{1}{8}$

답 $10\frac{1}{8}$

참고 ❷ $7\frac{5}{8}+2\frac{4}{8}=9\frac{9}{8}=10\frac{1}{8}$

2 분수의 덧셈과 뺄셈

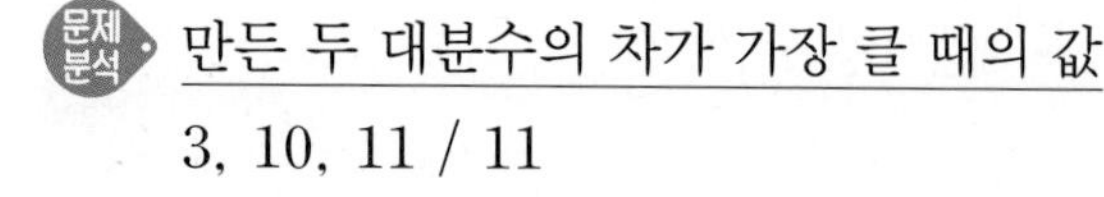
문제분석 만든 두 대분수의 차가 가장 클 때의 값

3, 10, 11 / 11

해결전략 가장

풀이

❶ 2개의 11은 두 대분수의 분모에 놓습니다.
11을 제외한 수 카드의 수의 크기를 비교해 보면 10>9>5>3입니다.

- 가장 큰 수 10을 자연수 부분에 놓고 분모가 11인 가장 큰 대분수를 만들면 $10\frac{9}{11}$입니다.
- 가장 작은 수 3을 자연수 부분에 놓고 분모가 11인 가장 작은 대분수를 만들면 $3\frac{5}{11}$입니다.

❷ (가장 큰 대분수)−(가장 작은 대분수)
$=10\frac{9}{11}-3\frac{5}{11}=7\frac{4}{11}$

답 $7\frac{4}{11}$

3 사각형

문제분석 사다리꼴 ㄱㄴㄷㄹ의 네 변의 길이의 합은 몇 cm

6, 4

해결전략 네 / 두

풀이 ❶ ㄱㅁ / ㄱㄹ, 6

❷ ㄱㅁ, 6

❸ ㅁㄷ / ㄷㄹ / 6, 4, 6, 6, 6, 28

답 28

4 사각형

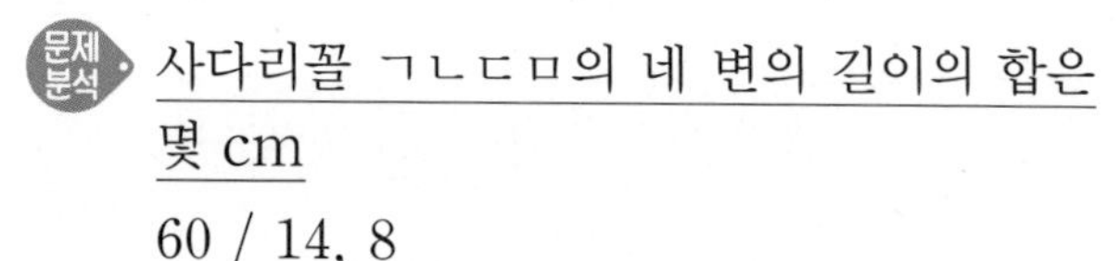
문제분석 사다리꼴 ㄱㄴㄷㅁ의 네 변의 길이의 합은 몇 cm

60 / 14, 8

해결전략 180, 두 / 60, 세

풀이

❶ 평행사변형은 이웃한 두 각의 크기의 합이 180°이므로
(각 ㄱㄹㄷ의 크기)=180°−120°=60°입니다.
삼각형 ㅁㄷㄹ에서
(각 ㅁㄷㄹ의 크기)=180°−60°−60°=60°이므로
(각 ㅁㄹㄷ의 크기)=(각 ㅁㄷㄹ의 크기)
=(각 ㄷㅁㄹ의 크기)=60°
즉, 삼각형 ㅁㄷㄹ은 정삼각형입니다.
➡ (변 ㅁㄹ의 길이)=(변 ㅁㄷ의 길이)
=(변 ㄷㄹ의 길이)=8 cm

❷ 평행사변형은 마주 보는 두 변의 길이가 같으므로
(변 ㄱㄴ의 길이)=(변 ㄷㄹ의 길이)=8 cm,
(변 ㄱㄹ의 길이)=(변 ㄴㄷ의 길이)=14 cm
➡ (변 ㄱㅁ의 길이)=14−8=6 (cm)

❸ (사다리꼴 ㄱㄴㄷㅁ의 네 변의 길이의 합)
=(변 ㄱㄴ의 길이)+(변 ㄴㄷ의 길이)
+(변 ㄷㅁ의 길이)+(변 ㄱㅁ의 길이)
=8+14+8+6=36 (cm)

답 36 cm

5 막대그래프

 햄버거를 좋아하는 남학생 수와 여학생 수를 나타내는 막대의 눈금은 몇 칸 차이가 납니까?

풀이 ❶ 7, 1, 5, 6, 19
❷ 19 / 19, 4, 7, 2, 6
❸ 6, 5 / 6, 5, 1

답 1

6 막대그래프

 장미반 어린이는 모두 몇 명
7

❶ 남자 어린이 수는 해바라기반 9명, 장미반 7명, 백합반 12명, 국화반 10명입니다.
➡ (전체 남자 어린이 수)
$=9+7+12+10=38$(명)

❷ (전체 여자 어린이 수)
$=$(전체 남자 어린이 수)-7
$=38-7=31$(명)
여자 어린이 수는 해바라기반 11명, 백합반 6명, 국화반 10명이므로
(장미반 여자 어린이 수)
$=31-11-6-10=4$(명)입니다.

❸ 장미반의 남자 어린이는 7명, 여자 어린이는 4명이므로 모두 $7+4=11$(명)입니다.

답 11명

7 소수의 덧셈과 뺄셈

 세 번째로 튀어 오른 공의 높이는 몇 m
$\frac{1}{10}$ / 72

풀이 ❶ 7.2
❷ 7.2, 0.72
❸ 0.72, 0.072

답 0.072

8 소수의 덧셈과 뺄셈

 30분 후 물탱크에 남아 있는 물은 몇 L
$\frac{1}{10}$ / 300

풀이

❶ 10분 후에는 300 L의 $\frac{1}{10}$인 30 L가 빠져나갑니다.
(10분 후 물탱크에 남아 있는 물의 양)
$=300-30=270$ (L)

❷ 20분 후에는 270 L의 $\frac{1}{10}$인 27 L가 빠져나갑니다.
(20분 후 물탱크에 남아 있는 물의 양)
$=270-27=243$ (L)

❸ 30분 후에는 243 L의 $\frac{1}{10}$인 24.3 L가 빠져나갑니다.
(30분 후 물탱크에 남아 있는 물의 양)
$=243-24.3=218.7$ (L)

답 218.7 L

적용하기 90~93쪽

1 소수의 덧셈과 뺄셈

수의 크기를 비교해 보면 $2<3<5<7<8<9$입니다.
가장 작은 소수 한 자리 수: 23.5
가장 큰 소수 두 자리 수: 9.87
➡ (가장 작은 소수 한 자리 수)
$-$(가장 큰 소수 두 자리 수)
$=23.5-9.87=13.63$

답 13.63

2 큰 수

두 수 모두 12자리 수입니다.
두 수의 같은 자리의 수끼리 비교하면 ㉠은 7이거나 7보다 큰 수이어야 합니다.

- ㉠$=7$이면 ㉡에는 0부터 6까지의 수가 들어갈 수 있습니다. ➡ 7쌍
- ㉠$=8$이면 ㉡에는 0부터 9까지의 수가 들어갈 수 있습니다. ➡ 10쌍
- ㉠$=9$이면 ㉡에는 0부터 9까지의 수가 들어갈 수 있습니다. ➡ 10쌍

따라서 모두 $7+10+10=27$(쌍)입니다.

답 27쌍

3 사각형

직사각형의 네 각은 직각이므로
(각 ㅁㄹㄷ의 크기)$=180^\circ-90^\circ-47^\circ=43^\circ$,
(각 ㅁㄹㄱ의 크기)$=90^\circ-43^\circ=47^\circ$입니다.
선분 ㄱㅁ과 선분 ㅁㄹ은 수직이므로
삼각형 ㄱㅁㄹ에서
(각 ㅁㄱㄹ의 크기)$=180^\circ-90^\circ-47^\circ=43^\circ$입니다.
➡ (각 ㅁㄱㄴ의 크기)$=90^\circ-43^\circ=47^\circ$

답 47°

4 분수의 덧셈과 뺄셈

두 분수의 합을 가장 크게 한 후 가장 작은 수를 빼면 계산 결과가 가장 크게 됩니다.
가장 큰 분수: $4\frac{7}{12}$, 두 번째로 큰 분수: $3\frac{1}{12}$,
가장 작은 분수: $1\frac{9}{12}$
(가장 큰 분수)+(두 번째로 큰 분수)
$=4\frac{7}{12}+3\frac{1}{12}=7\frac{8}{12}$
(가장 큰 분수)+(두 번째로 큰 분수)
−(가장 작은 분수)
$=7\frac{8}{12}-1\frac{9}{12}=6\frac{20}{12}-1\frac{9}{12}=5\frac{11}{12}$
따라서 계산 결과가 가장 크게 되는 식을 만들었을 때 그 값은 $5\frac{11}{12}$입니다.

답 $5\frac{11}{12}$

5 꺾은선그래프

1 cm=10 mm이므로 세로 눈금 한 칸은 $10\div5=2$ (mm), 즉 0.2 cm를 나타냅니다.
두 식물의 키의 차가 가장 클 때는 5월이고, 이때 (가) 식물은 17.6 cm, (나) 식물은 16.8 cm입니다.
두 식물의 키의 차는 $17.6-16.8=0.8$ (cm)이므로 세로 눈금 한 칸의 크기가 0.1 cm인 꺾은선그래프로 다시 그리면 세로 눈금은 8칸 차이가 납니다.

답 8칸

6 큰 수

10자리 수를 ㉮㉯㉰㉱㉲㉳㉴㉵㉶㉷라고 하면
㉡에서 ㉰=4, ㉳=7입니다.
➡ ㉮㉯4㉱㉲7㉴㉵㉶㉷
㉢에서 ㉶=5입니다.
➡ ㉮㉯4㉱㉲7㉴㉵5㉷
나머지 수 0, 1, 2, 3, 6, 8, 9 중에서 한 수가 다른 수의 4배가 되는 두 수는 2와 8이므로
㉯=8, ㉵=2입니다.
➡ ㉮84㉱㉲7㉴25㉷
따라서 조건을 만족하는 가장 작은 수를 만들면 1840376259입니다.

답 1840376259

7 삼각형

삼각형 ㄱㄴㄷ에서
(각 ㄱㄴㄷ의 크기)+(각 ㄱㄷㄴ의 크기)
$=180^\circ-32^\circ=148^\circ$입니다.
삼각형 ㄱㄴㄷ은 이등변삼각형이므로
(각 ㄱㄴㄷ의 크기)=(각 ㄱㄷㄴ의 크기)
$=148^\circ\div2=74^\circ$입니다.
삼각형 ㄴㄷㄹ은 이등변삼각형이므로
(각 ㄴㄹㄷ의 크기)=(각 ㄴㄷㄹ의 크기)$=74^\circ$,
(각 ㄹㄴㄷ의 크기)$=180^\circ-74^\circ-74^\circ=32^\circ$입니다.
➡ (각 ㄱㄴㄹ의 크기)
=(각 ㄱㄴㄷ의 크기)−(각 ㄹㄴㄷ의 크기)
$=74^\circ-32^\circ=42^\circ$

답 42°

8 소수의 덧셈과 뺄셈

만들 수 있는 소수 세 자리 수 중 60보다 크면서 60에 가장 가까운 수는 60보다 큰 수 중 가장 작은 수입니다. ➡ 60.459
만들 수 있는 소수 세 자리 수 중 60보다 작으면서 60에 가장 가까운 수는 60보다 작은 수 중 가장 큰 수입니다. ➡ 59.604
$60.459-60=0.459$, $60-59.604=0.396$이고
$0.459>0.396$입니다.
따라서 60에 가장 가까운 소수 세 자리 수는 59.604입니다.

답 59.604

9 사각형

마름모에서 이웃한 두 각의 크기의 합은 180°이므로 (각 ㄱㅂㄷ의 크기)=180°−150°=30°,
(각 ㄱㅂㅁ의 크기)=30°+90°=120°입니다.
삼각형 ㄱㅂㅁ은 이등변삼각형이므로
(각 ㅂㅁㄱ의 크기)=(각 ㅂㄱㅁ의 크기)입니다.
(각 ㅂㅁㄱ의 크기)+(각 ㅂㄱㅁ의 크기)
=180°−(각 ㄱㅂㅁ의 크기)
=180°−120°=60°이므로
(각 ㅂㅁㄱ의 크기)=60°÷2=30°입니다.

답 30°

10 사각형

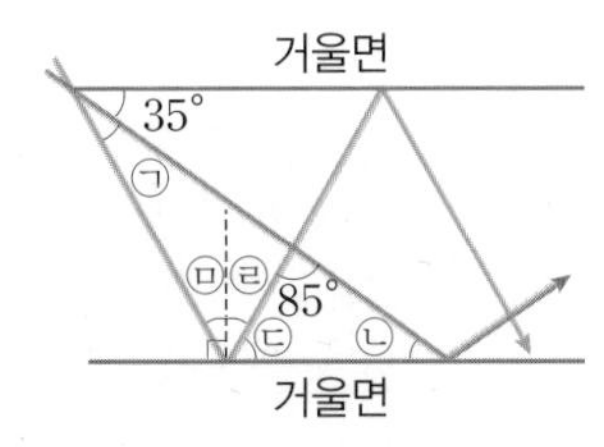

평행선과 한 직선이 만날 때 생기는 엇갈린 위치에 있는 각의 크기는 같으므로 ㉡=35°입니다.
삼각형의 세 각의 크기의 합은 180°이므로
㉢=180°−85°−35°=60°입니다.
입사각과 반사각의 크기는 같으므로
㉤=㉣=90°−60°=30°입니다.
따라서 ㉠+㉡+㉢+㉣+㉤=180°이므로
㉠=180°−35°−60°−30°−30°=25°입니다.

답 25°

도전, 창의사고력 94쪽

• 예나가 뽑은 공: 12, 9, 29, 33, 45, 6

가장 큰 수: 9 6 45 33 29 12
➡ 9645332912

가장 작은 수: 12 29 33 45 6 9
➡ 1229334569

(가장 큰 수와 가장 작은 수의 백만의 자리 숫자의 합)=5+9=14
➡ 예나가 받을 선물은 인형입니다.

• 지한이가 뽑은 공: 40, 38, 44, 27, 5, 18

가장 큰 수: 5 44 40 38 27 18
➡ 54440382718

가장 작은 수: 18 27 38 40 44 5
➡ 18273840445

(가장 큰 수와 가장 작은 수의 백만의 자리 숫자의 합)=0+3=3
➡ 지한이가 받을 선물은 사탕입니다.

답 **예나: 인형, 지한: 사탕**

단순화 하여 해결하기

전략 세움

익히기 96~101쪽

1 다각형

문제분석 이 다각형에 그을 수 있는 대각선은 모두 몇 개

풀이 ❶ 8, 팔각형

❷

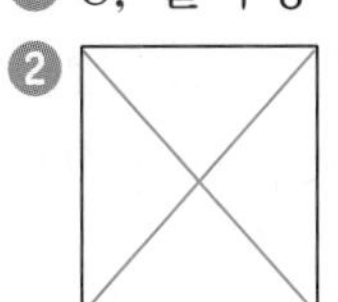
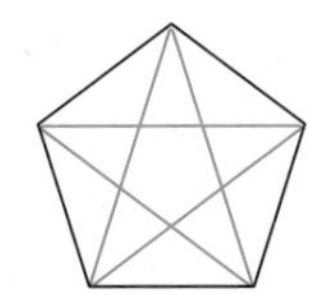
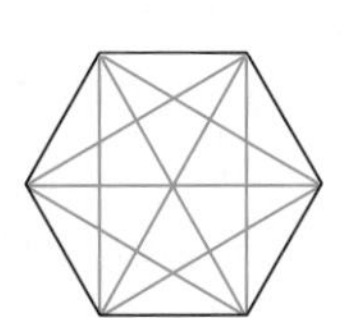

2 / 5, 5, 3 / 9, 9, 4

❸ 3, 4, 5, 14 / 3, 4, 5, 6, 20 / 20

답 20

2 다각형

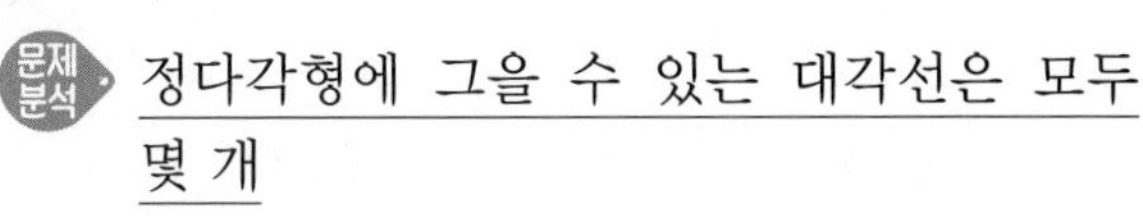

문제분석 정다각형에 그을 수 있는 대각선은 모두 몇 개

108 / 9

해결전략 같으므로

풀이

❶ 정다각형은 변의 길이가 모두 같으므로 변은

108÷9=12(개)입니다.
변이 12개인 정다각형은 정십이각형이므로 희원이가 만든 정다각형은 정십이각형입니다.

❷ (정사각형의 대각선의 수)=2개
(정오각형의 대각선의 수)=2+3=5(개)
(정육각형의 대각선의 수)=2+3+4=9(개)
⋮
(정십이각형의 대각선의 수)
=2+3+4+5+6+7+8+9+10=54(개)
따라서 희원이가 만든 정십이각형에 그을 수 있는 대각선은 모두 54개입니다.

답 54개

3
각도

문제분석 찾을 수 있는 크고 작은 예각은 모두 몇 개

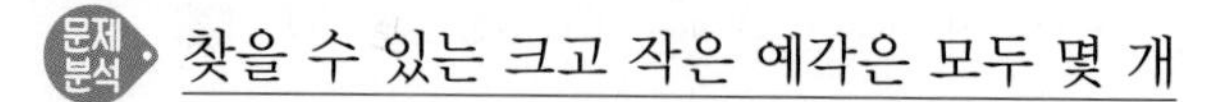

해결전략 90

풀이 ❶ ④, ⑤, 5
❷ ④, ⑤, 3 / 90, (아닙니다)
❸ (없습니다) / 5, 3, 8

답 8

4
각도

문제분석 찾을 수 있는 크고 작은 둔각은 모두 몇 개

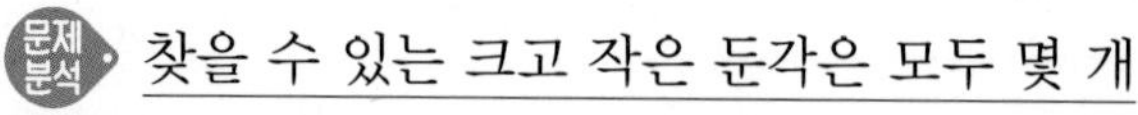

해결전략 180

풀이

❶ 그림에 다음과 같이 각각 번호를 씁니다.

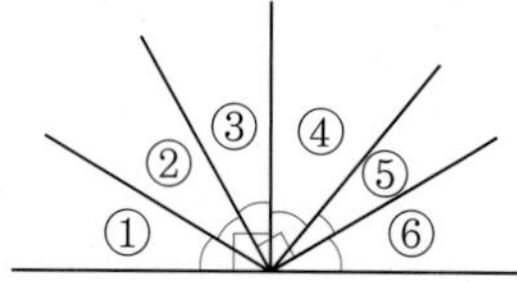

각 3개짜리 둔각: ②+③+④ ➡ 1개
각 4개짜리 둔각: ①+②+③+④,
②+③+④+⑤,
③+④+⑤+⑥ ➡ 3개
각 5개짜리 둔각: ①+②+③+④+⑤,
②+③+④+⑤+⑥
➡ 2개

❷ 그림에서 찾을 수 있는 크고 작은 둔각은 모두 1+3+2=6(개)입니다.

답 6개

참고 각 1개짜리, 각 2개짜리, 각 6개짜리 중 둔각은 없습니다.

주의 ①+②+③, ③+④+⑤, ④+⑤+⑥은 각각 90°이고, ①+②+③+④+⑤+⑥은 180°입니다.
둔각이라고 생각하지 않도록 주의합니다.

5
각도

문제분석 ㉠, ㉡, ㉢의 각도의 합은 몇 도

110

풀이 ❶ 1 / 1 / 예

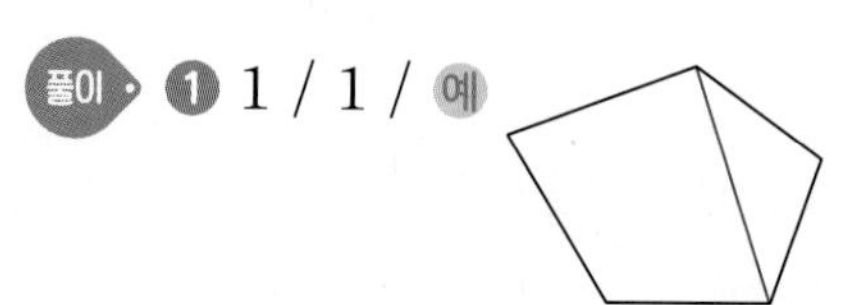

❷ 180 / 360 / 180, 360, 540
❸ 540 / 540, 125, 305

답 305

참고 주어진 도형을 삼각형 3개로 나눌 수도 있습니다.
➡ (모든 각의 크기의 합)
=180°×3=540°

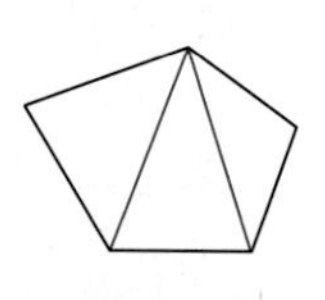

6
각도

문제분석 ㉠, ㉡, ㉢의 각도의 합은 몇 도

130, 94

풀이

❶ 주어진 도형은 육각형이고 사각형 2개로 나눌 수 있습니다.

예

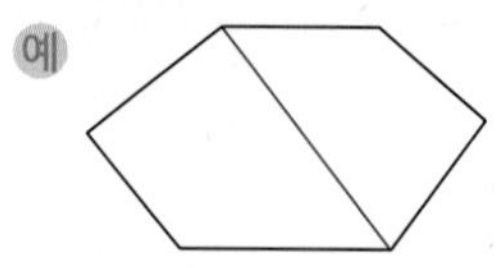

❷ 사각형의 네 각의 크기의 합은 360°이므로
(모든 각의 크기의 합)
=360°×2=720°입니다.

❸ ㉠+88°+130°+㉡+94°+㉢=720°이므로
㉠+㉡+㉢=720°−88°−130°−94°
=408°입니다.

답 408°

적용하기 102~105쪽

1 규칙 찾기

㉠ $1+2+3+\cdots\cdots+98+99+100$
㉡ $201+202+203+\cdots\cdots+298+299+300$
1과 201의 차는 $201-1=200$,
2와 202의 차는 $202-2=200$,
3과 203의 차는 $203-3=200\cdots\cdots$
98과 298의 차는 $298-98=200$,
99와 299의 차는 $299-99=200$,
100과 300의 차는 $300-100=200$입니다.
따라서 ㉠과 ㉡의 차는 $200\times100=20000$입니다.

답 20000

2 다각형

• 정오각형은 삼각형 1개와 사각형 1개로 나눌 수 있습니다.

예 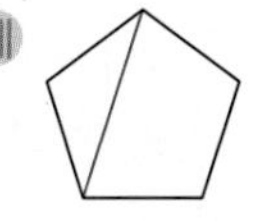

(정오각형의 모든 각의 크기의 합)
$=180°+360°=540°$
(정오각형의 한 각의 크기)$=540°\div5=108°$

• 정육각형은 사각형 2개로 나눌 수 있습니다.

예 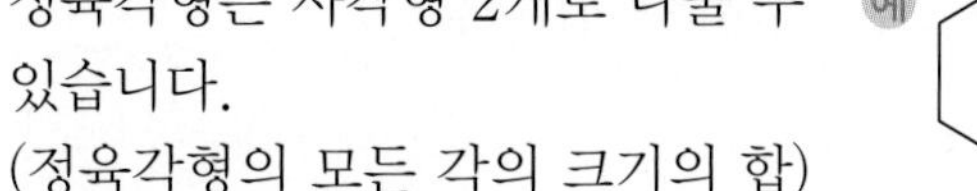

(정육각형의 모든 각의 크기의 합)
$=360°\times2=720°$
(정육각형의 한 각의 크기)$=720°\div6=120°$
따라서 정오각형의 한 각의 크기와 정육각형의 한 각의 크기의 차는 $120°-108°=12°$입니다.

답 12°

3 곱셈과 나눗셈

• 48 m인 산책로에 가로등을 세울 때

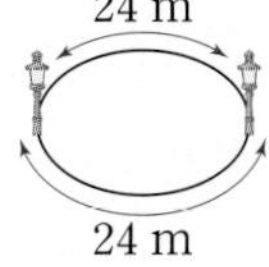

(필요한 가로등 수)
$=48\div24=2$(개)

• 72 m인 산책로에 가로등을 세울 때

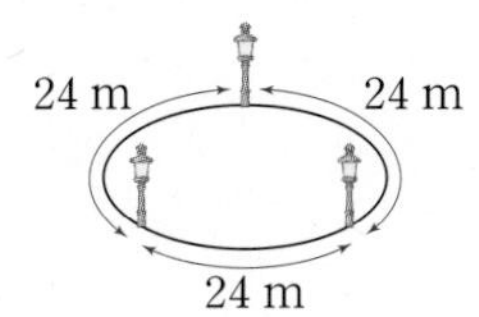

(필요한 가로등 수)
$=72\div24=3$(개)

따라서 936 m인 산책로에 24 m 간격으로 가로등을 세운다면 필요한 가로등은
$936\div24=39$(개)입니다.

답 39개

4 사각형

다음과 같이 수선을 그어 삼각형을 2개 만듭니다.

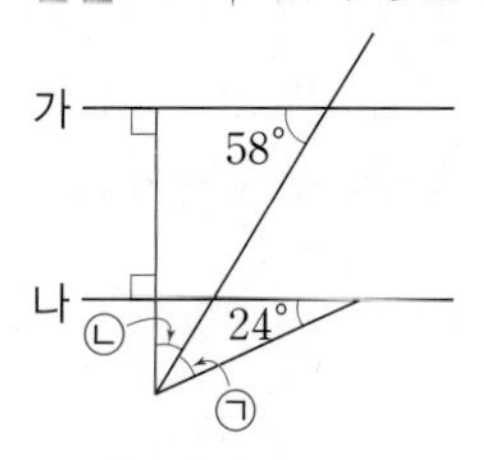

$90°+$㉡$+58°=180°$이므로
㉡$=180°-90°-58°=32°$입니다.
$90°+32°+$㉠$+24°=180°$이므로
㉠$=180°-90°-32°-24°=34°$입니다.

답 34°

5 각도

주어진 도형은 사각형 3개로 나눌 수 있습니다.

예 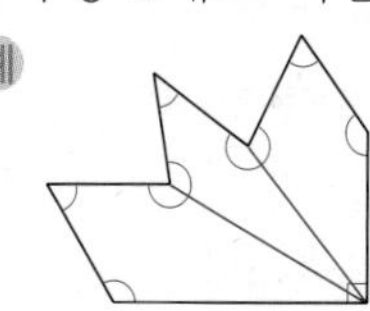

(모든 각의 크기의 합)$=360°\times3=1080°$이므로
㉮+㉯+㉰$+45°+$㉱+㉲+㉳$+90°=1080°$,
㉮+㉯+㉰+㉱+㉲+㉳
$=1080°-45°-90°=945°$입니다.

답 945°

6 규칙 찾기

$1\times1=1$ (1이 1개) $11\times11=121$ (1이 2개)
$111\times111=12321$ (1이 3개) $1111\times1111=1234321$ (1이 4개)
➡ $11111111\times11111111=123456787654321$ (1이 8개)

답 123456787654321

7
곱셈과 나눗셈

- 길이가 50 cm인 통나무를 25 cm 간격으로 자르면 $50 \div 25 = 2$(도막)이 되고 자르는 횟수는 $2-1=1$(번)입니다.
- 길이가 75 cm인 통나무를 25 cm 간격으로 자르면 $75 \div 25 = 3$(도막)이 되고 자르는 횟수는 $3-1=2$(번)입니다.

➡ (자르는 횟수)=(도막 수)-1

7 m=700 cm이므로 $700 \div 25 = 28$(도막)이 되고 자르는 횟수는 $28-1=27$(번)입니다.
따라서 자르는 횟수가 27번이므로 걸리는 시간은 $27 \times 3 = 81$(초)입니다.

답 81초

8
소수의 덧셈과 뺄셈

소수 첫째 자리 숫자가 4인 경우를 알아봅니다.
소수 둘째 자리 숫자가 0일 때:
0.401, 0.402……0.408, 0.409 ➡ 9개
소수 둘째 자리 숫자가 1일 때:
0.412, 0.413……0.418, 0.419 ➡ 8개
⋮
소수 둘째 자리 숫자가 7일 때:
0.478, 0.479 ➡ 2개
소수 둘째 자리 숫자가 8일 때: 0.489 ➡ 1개
소수 첫째 자리 숫자가 4인 경우가
$9+8+7+6+5+4+3+2+1=45$(개)입니다.
소수 첫째 자리 숫자가 5인 경우와 소수 첫째 자리 숫자가 6인 경우도 같은 방법으로 45개씩 있습니다.
따라서 조건에 알맞은 소수 세 자리 수는 모두 $45 \times 3 = 135$(개)입니다.

답 135개

9
사각형

- 작은 삼각형 2개짜리: ➡ 6개, ➡ 4개
- 작은 삼각형 4개짜리: ➡ 8개
- 작은 삼각형 8개짜리: ➡ 3개
- 작은 삼각형 16개짜리: ➡ 3개

따라서 그림에서 찾을 수 있는 크고 작은 마름모는 모두 $6+4+8+3+3=24$(개)입니다.

답 24개

10
삼각형

- 정삼각형의 한 변의 길이가 6 cm일 때

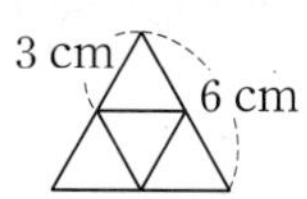

(만들 수 있는 작은 정삼각형의 수)
$=1+3=4$(개)
➡ $4=2 \times 2$

- 정삼각형의 한 변의 길이가 9 cm일 때

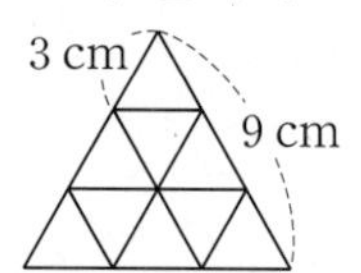

(만들 수 있는 작은 정삼각형의 수)
$=1+3+5=9$(개)
➡ $9=3 \times 3$

따라서 정삼각형의 한 변의 길이가 30 cm일 때 $30 \div 3 = 10$이므로
(만들 수 있는 작은 정삼각형의 수)
$=10 \times 10 = 100$(개)입니다.

답 100개

도전, 창의사고력
106쪽

정팔각형은 사각형 3개로 나눌 수 있습니다.

예

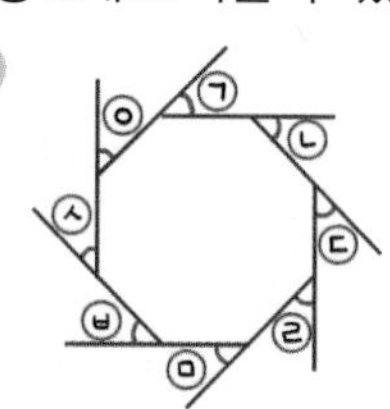

(정팔각형의 모든 각의 크기의 합)
$=360° \times 3 = 1080°$
직선이 이루는 각의 크기는 180°이므로
$180° \times 8 = 1440°$입니다.
➡ ㉠+㉡+㉢+㉣+㉤+㉥+㉦+㉧
$=1440° - 1080° = 360°$

답 360°

전략 이룸 60제

1~10 108~111쪽

1 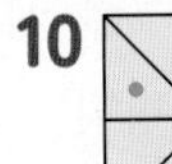 **2** 84

3 500000011111 **4** 36

5 105° **6** 8319.4 **7** 25

8 (위에서부터) 5, 4, 8, 5, 0, 5

9 3220000

10 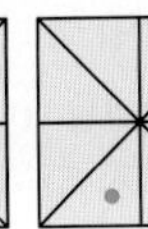 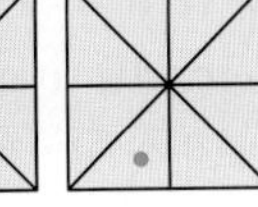

1 규칙을 찾아 해결하기

주어진 도형을 시계 반대 방향으로 90°만큼 돌리기 한 규칙입니다.

2 거꾸로 풀어 해결하기

주어진 조건을 하나의 식으로 나타내면
27×□÷28=81이므로
27×□=81×28=2268,
□=2268÷27=84입니다.

3 조건을 따져 해결하기

가장 작은 수를 구해야 하는데 12자리 수이므로 가장 높은 자리에는 0이 올 수 없고, 숫자 0이 6개 있으므로 두 번째로 높은 자리부터 0을 6개 쓰면 □000000□□□□□입니다.
가장 높은 자리의 숫자는 나머지 자리의 숫자를 모두 더한 것과 같으므로 나머지 자리에 0이 아닌 가장 작은 수인 1을 쓰고 가장 높은 자리에는 그 수들의 합인 5를 쓰면
500000011111입니다.
따라서 조건을 만족하는 가장 작은 수는
500000011111입니다.

4 조건을 따져 해결하기

• 8.3㉠8＜8.30㉡에서 ㉠=0, ㉡=9
• 8.309＜㉢.087에서 ㉢=9
• 9.087＜㉣.0㉤에서 ㉣=9, ㉤=9
➡ ㉠+㉡+㉢+㉣+㉤
=0+9+9+9+9=36

5 그림을 그려 해결하기

현재 시각은 1시 50분이고 40분 후의 시각은 2시 30분입니다.
시곗바늘이 한 바퀴 돌면 360°이므로 큰 눈금 한 칸의 크기는 360°÷12=30°입니다.
➡ ㉠=30°×3=90°
짧은바늘은 1시간 동안 30°를 움직이므로 30분 동안 30°÷2=15°를 움직입니다.
➡ ㉡=30°−15°=15°
따라서 시계의 긴바늘과 짧은바늘이 이루는 작은 쪽의 각의 크기는 90°+15°=105°입니다.

6 거꾸로 풀어 해결하기

10이 6개 ⟶ 60
1이 23개 ⟶ 23
0.01이 16개 ⟶ 0.16
0.001이 34개 ⟶ 0.034
83.194

따라서 어떤 수의 $\frac{1}{100}$인 수가 83.194이므로 어떤 수는 83.194의 100배인 8319.4입니다.

7 식을 만들어 해결하기

월요일부터 금요일까지 판매량의 합이 120판이므로
24+22+㉠+19+30=120,
95+㉠=120, ㉠=120−95=25입니다.

8 조건을 따져 해결하기

```
        ㉠ 6
1㉡) 7 ㉢ ㉣
     7 ㉤
       8 ㉥
       8  4
          1
```

1㉡$\times$6=84에서 84$\div$6=14이므로
㉡=4입니다.
8㉥$-$84=1이므로 ㉥=5입니다.
➡ ㉣=5
14$\times$㉠=7㉤에서 14$\times$5=70, 14$\times$6=84이므로 ㉠=5입니다. ➡ ㉤=0
7㉢$-$70=8이므로 ㉢=8입니다.

9 거꾸로 풀어 해결하기

- 수를 만씩 거꾸로 뛰어 세면 만의 자리 숫자가 1씩 작아집니다.
  8250000-8240000-8230000-8220000이므로 8250000에서 만씩 거꾸로 3번 뛰어 센 수는 8220000입니다.
- 수를 100만씩 거꾸로 뛰어 세면 백만의 자리 숫자가 1씩 작아집니다.
  8220000-7220000-6220000-5220000-4220000-3220000이므로 8220000에서 100만씩 거꾸로 5번 뛰어 센 수는 3220000입니다.

따라서 어떤 수는 3220000입니다.

10 규칙을 찾아 해결하기

다음과 같이 점의 위치가 시계 방향으로 뛰어넘는 칸의 수가 1씩 커지고 있습니다.

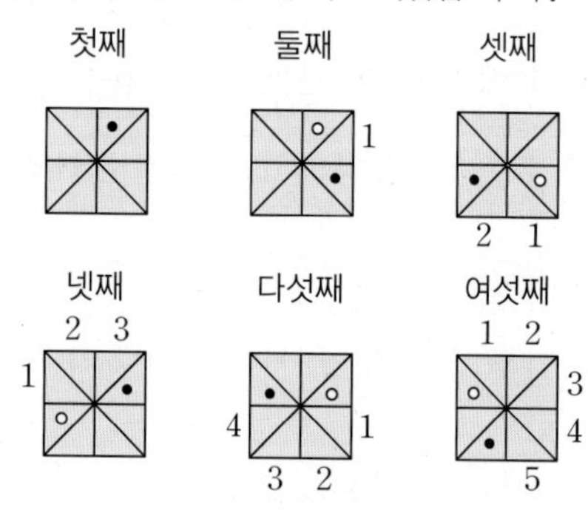

11~20		112~115쪽
11 973	**12** 정팔각형	**13** 160°
14 13개	**15** 3번	**16** 36 cm
17 5개	**18** 9	**19** 33번
20 125°		

11 식을 만들어 해결하기

999$\div$47=21$\cdots$12이므로 세 자리 수를 47로 나누었을 때 나머지가 33이면서 몫이 가장 큰 경우의 몫은 20입니다.
구하는 세 자리 수를 □라고 하면
□$\div$47=20$\cdots$33입니다.
47$\times$20=940, 940+33=973이므로
□=973입니다.

12 식을 만들어 해결하기

(정구각형 한 개를 만드는 데 사용한 철사의 길이)=6$\times$9=54 (cm)
한 변이 5 cm인 정다각형을 만드는 데 사용한 철사는 97$-$54$-$3=40 (cm)입니다.
한 변이 5 cm인 정다각형의 변의 수를 □개라고 하면 5$\times$□=40, □=40$\div$5=8
따라서 변이 8개인 정다각형이므로 정팔각형입니다.

13 그림을 그려 해결하기

직선이 이루는 각의 크기는 180°이므로
(각 ㄴㄱㄹ의 크기)=180°$-$95°=85°입니다.

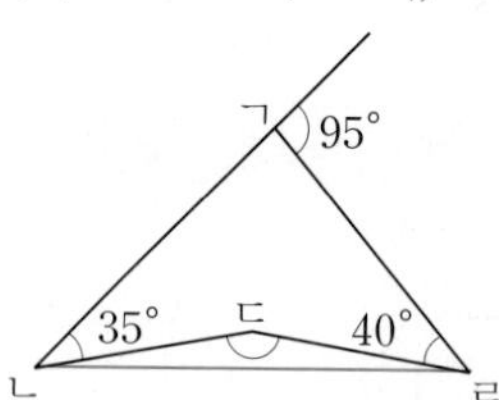

점 ㄴ과 점 ㄹ을 이으면 삼각형 ㄱㄴㄹ에서 85°가 아닌 두 각의 크기의 합이
180°$-$85°=95°이므로
35°+(각 ㄷㄴㄹ의 크기)+40°
+(각 ㄷㄹㄴ의 크기)=95°,
(각 ㄷㄴㄹ의 크기)+(각 ㄷㄹㄴ의 크기)
=95°$-$35°$-$40°=20°
삼각형 ㄷㄴㄹ에서
(각 ㄴㄷㄹ의 크기)=180°$-$20°=160°입니다.

14 단순화하여 해결하기

- 사각형 1개짜리: □ ➡ 1개
- 사각형 4개짜리: ➡ 4개
- 사각형 9개짜리: ➡ 6개

• 사각형 16개짜리: ➡ 2개

따라서 ♥를 포함하는 크고 작은 정사각형은 모두 $1+4+6+2=13$(개)입니다.

15 조건을 따져 해결하기

두 그래프가 만나는 때를 찾아보면 가로 눈금이 8살과 9살 사이, 11살, 13살과 14살 사이입니다.
따라서 두 사람의 키가 같은 때는 모두 3번입니다.

16 조건을 따져 해결하기

삼각형 ㄹㄴㄷ이 이등변삼각형이므로
(변 ㄴㄹ의 길이)=(변 ㄷㄹ의 길이)=12 cm,
(각 ㄹㄴㄷ의 크기)=(각 ㄹㄷㄴ의 크기)=$30°$
삼각형 ㄱㄴㄷ이 직각삼각형이므로
(각 ㄹㄴㄱ의 크기)$=90°-30°=60°$,
(각 ㄴㄱㄷ의 크기)$=180°-90°-30°=60°$,
(각 ㄱㄹㄴ의 크기)$=180°-60°-60°=60°$
따라서 삼각형 ㄱㄴㄹ은 정삼각형이므로
세 변의 길이의 합은 $12\times3=36$ (cm)입니다.

17 조건을 따져 해결하기

$5\frac{5}{8}+4\frac{\square}{8}<10\frac{3}{8}$ ➡ $5\frac{5}{8}+4\frac{\square}{8}<9\frac{11}{8}$
자연수 부분의 계산은 $5+4=9$이고 분모는 같으므로 분자만 비교해 보면 $5+\square<11$입니다.
따라서 □ 안에 들어갈 수 있는 자연수는 1, 2, 3, 4, 5로 모두 5개입니다.

18 규칙을 찾아 해결하기

17을 여러 번 곱하면 곱의 일의 자리 숫자는 7, 9, 3, 1이 반복됩니다.
$70\div4=17\cdots2$이므로 17을 70번 곱했을 때 일의 자리 숫자는 17을 2번 곱했을 때와 같습니다.
따라서 17을 70번 곱했을 때 일의 자리 숫자는 9입니다.

19 표를 만들어 해결하기

날짜별 세로 눈금의 칸 수를 표에 나타내면 다음과 같습니다.

날짜	1일	2일	3일	4일	5일	6일
눈금 수(칸)	10	12	7	6	8	11

막대의 눈금 칸 수의 합은
$10+12+7+6+8+11=54$(칸)입니다.
$162\div54=3$이므로 세로 눈금 한 칸은 윗몸일으키기 3번을 나타냅니다.
따라서 6일에는 윗몸일으키기를
$11\times3=33$(번) 했습니다.

20 단순화하여 해결하기

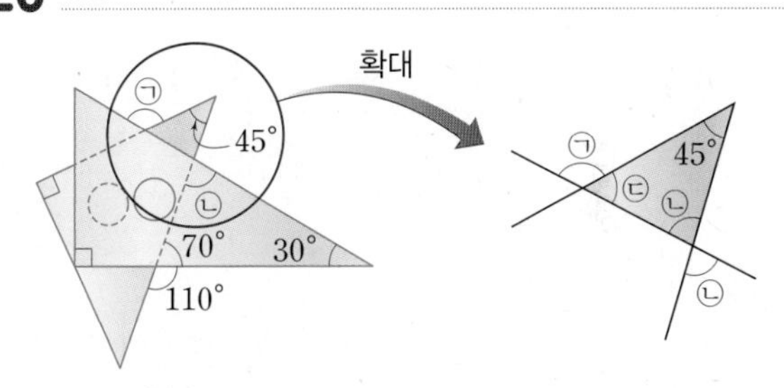

㉡$=180°-70°-30°=80°$
㉢$=180°-45°-$㉡
$=180°-45°-80°=55°$
㉠$=180°-$㉢$=180°-55°=125°$

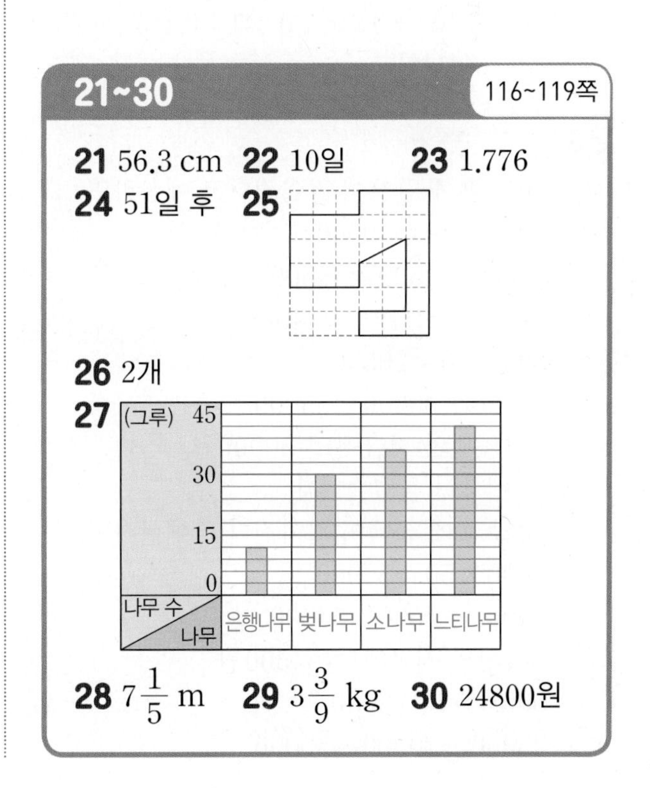

21 단순화하여 해결하기

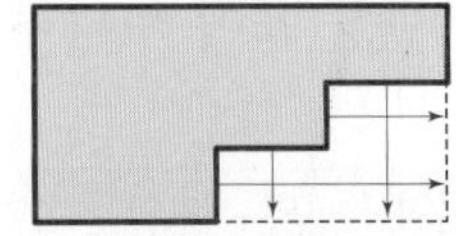

그림과 같이 굵은 선을 각각 평행하게 이동시켜 직사각형을 만들면 자른 종이의 굵은 선의 길이는 가로가 18.75 cm이고 세로가 9.4 cm인 직사각형의 네 변의 길이의 합과 같습니다.
따라서 자른 종이에서 굵은 선의 길이는
$18.75+9.4+18.75+9.4=56.3$ (cm)입니다.

22 식을 만들어 해결하기

승윤이와 은정이가 2일 동안에 하는 일의 양은 전체의 $\frac{2}{15}+\frac{1}{15}=\frac{3}{15}$입니다.
따라서 일 전체의 양을 1이라 하면
$\frac{3}{15}+\frac{3}{15}+\frac{3}{15}+\frac{3}{13}+\frac{3}{15}=\frac{15}{15}=1$이므로 $2\times5=10$(일) 만에 끝낼 수 있습니다.

23 식을 만들어 해결하기

1보다 작은 소수 세 자리 수가 되려면 0.□□□인 수이어야 하므로 만들 수 있는 소수 세 자리 수는 0.134, 0.143, 0.314, 0.341, 0.413, 0.431입니다.
따라서 만들 수 있는 소수 세 자리 수 중에서 1보다 작은 모든 수들의 합은
$0.134+0.143+0.314+0.341+0.413+0.431$
$=1.776$입니다.

24 예상과 확인으로 해결하기

- 40일 후에 금액이 같아진다고 예상하면
  $1000\times40=40000$,
  $40000+4500=44500$
  ➡ (형의 저금액)$=44500$원
  $500\times40=20000$,
  $20000+30000=50000$
  ➡ (동생의 저금액)$=50000$원
  ➡ 예상이 틀렸습니다.
- 50일 후에 금액이 같아진다고 예상하면
  $1000\times50=50000$,
  $50000+4500=54500$
  ➡ (형의 저금액)$=54500$원
  $500\times50=25000$,
  $25000+30000=55000$
  ➡ (동생의 저금액)$=55000$원
  ➡ 예상이 틀렸습니다.
- 51일 후에 금액이 같아진다고 예상하면
  $1000\times51=51000$,
  $51000+4500=55500$
  ➡ (형의 저금액)$=55500$원
  $500\times51=25500$,
  $25500+30000=55500$
  ➡ (동생의 저금액)$=55500$원
  ➡ 예상이 맞았습니다.

따라서 형과 동생의 저금액이 같아지는 때는 오늘부터 51일 후입니다.

25 거꾸로 풀어 해결하기

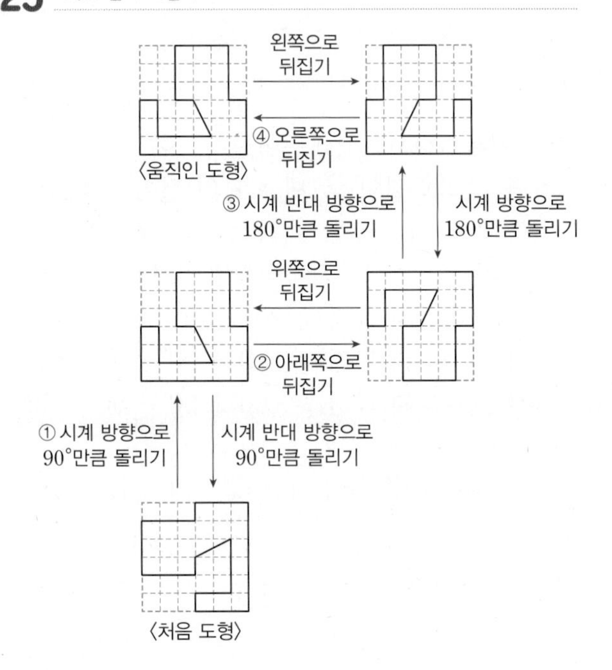

26 식을 만들어 해결하기

삼각형 ㄱㄴㅁ에서
(각 ㄱㅁㄴ의 크기)$=180°-63°-32°$
$=85°$입니다.
직선이 이루는 각의 크기가 180°이므로
(각 ㄴㅁㄷ의 크기)$=180°-85°=95°$입니다.
삼각형 ㅁㄴㄷ에서
(각 ㅁㄴㄷ의 크기)$=180°-95°-35°$
$=50°$입니다.
(각 ㄹㅁㄷ의 크기)$=180°-95°=85°$이므로
삼각형 ㄹㅁㄷ에서
(각 ㄹㄷㅁ의 크기)$=180°-35°-85°$
$=60°$입니다.
따라서 둔각삼각형은 삼각형 ㅁㄴㄷ과 삼각형 ㄹㄴㄷ으로 모두 2개입니다.

27 표를 만들어 해결하기

왼쪽 막대그래프의 세로 눈금 수와 나무 수를 표에 나타내면 다음과 같습니다.

나무	벚나무	소나무	느티나무	은행나무	합계
나무 수(칸)	5	6	7	2	20
나무 수(그루)	30	36	42	12	120

오른쪽 막대그래프의 세로 눈금 한 칸이 $15 \div 5 = 3$(그루)를 나타내므로 나무 수가 적은 것부터 차례대로
은행나무: $12 \div 3 = 4$(칸),
벚나무: $30 \div 3 = 10$(칸),
소나무: $36 \div 3 = 12$(칸),
느티나무: $42 \div 3 = 14$(칸)을 그립니다.

28 단순화하여 해결하기

㉮에서 ㉯까지의 거리와 ㉯에서 ㉰까지의 거리가 같으므로 장난감 자동차가 움직인 거리는 ㉮에서 ㉱까지 1번 왕복한 거리와 같습니다.
㉮에서 ㉱까지의 거리를 구하려면 먼저 ㉯에서 ㉰까지의 거리를 구해야 합니다.
(㉯에서 ㉰까지의 거리)
$=2\frac{1}{5}-\frac{4}{5}=1\frac{2}{5}$ (m)
(㉮에서 ㉱까지의 거리)
$=1\frac{2}{5}+2\frac{1}{5}=3\frac{3}{5}$ (m)
➡ (장난감 자동차가 움직인 거리)
$=3\frac{3}{5}+3\frac{3}{5}=6\frac{6}{5}=7\frac{1}{5}$ (m)

29 그림을 그려 해결하기

가방과 책을 그림으로 나타내면 다음과 같습니다.

예

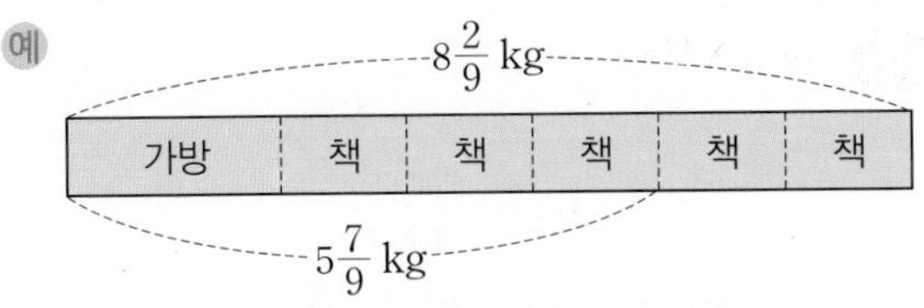

(책 2권의 무게)$=8\frac{2}{9}-5\frac{7}{9}=2\frac{4}{9}$ (kg)
➡ (가방과 책 1권의 무게)
$=5\frac{7}{9}-2\frac{4}{9}=3\frac{3}{9}$ (kg)

30 식을 만들어 해결하기

(한 봉지에 50개인 사탕의 한 개당 가격)
$=3100 \div 50 = 62$(원)
(한 봉지에 35개인 사탕의 한 개당 가격)
$=2100 \div 35 = 60$(원)
$60 < 62$이므로 한 개당 가격이 더 저렴한 사탕은 35개씩 들어 있는 사탕입니다.
(한 봉지에 35개인 사탕 12봉지의 가격)
$=2100 \times 12 = 25200$(원)
➡ (거스름돈)$=50000-25200=24800$(원)

31~40 120~123쪽

31 30개 **32** 8시 **33** 18.27
34 190 **35** 1.08 km **36** 9개
37 $1\frac{3}{13}$ m **38** 민주 **39** 6칸
40 (나), $\frac{4}{5}$ cm

31 그림을 그려 해결하기

정삼각형 모양 조각 2개를 이어 붙이면 다음 그림과 같이 평행사변형을 만들 수 있습니다.

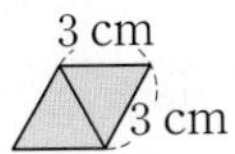

만든 평행사변형 모양 조각을 사용하여 주어진 평행사변형을 만들려면 다음 그림과 같이 15개가 필요합니다.

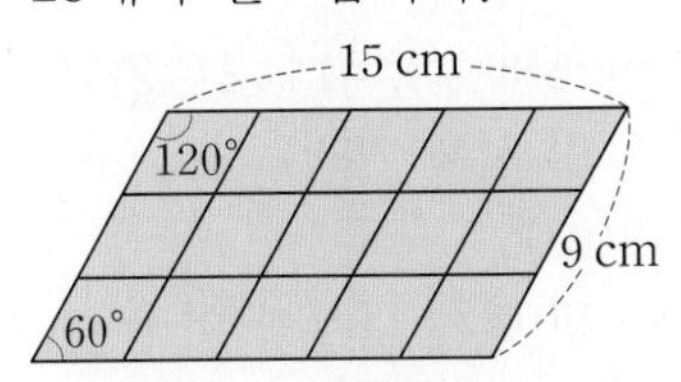

➡ (필요한 정삼각형 모양 조각의 수)
$=15 \times 2 = 30$(개)

32 그림을 그려 해결하기

문제에서 주어진 시계는 시계의 왼쪽에서 거울에 비추었을 때 거울에 비친 모양이므로 시계의 눈금을 써 보면 다음과 같습니다.

따라서 현재 시각은 6시 20분이므로 1시간 40분 후의 시각은 8시입니다.

33 거꾸로 풀어 해결하기

잘못 계산한 식:

[어떤 수] $\xrightarrow{+4.75}$ [㉠] $\xrightarrow{-10.4}$ [6.97]

㉠$=6.97+10.4=17.37$이므로

(어떤 수)$=$㉠$-4.75=17.37-4.75=12.62$

따라서 바르게 계산하면

(어떤 수)$-4.75=12.62-4.75=7.87$,

$7.87+10.4=18.27$입니다.

34 규칙을 찾아 해결하기

10째 모양에서 1부터 9까지의 수가 4개씩 있고 10이 1개 있게 됩니다.

1부터 9까지의 수의 합은

$1+2+3+4+5+6+7+8+9=45$이므로

1부터 9까지의 수의 합을 4번 더하고 10을 더하면 $45\times4=180$, $180+10=190$입니다.

35 단순화하여 해결하기

• 첫 번째 나무와 두 번째 나무가 마주 볼 때

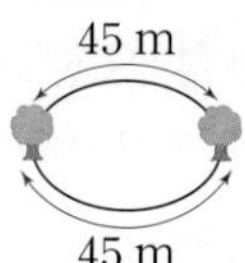

(나무를 심은 간격의 수)$=1\times2=2$(군데)

(나무를 심은 곳의 전체 거리)

$=45\times2=90$ (m)

• 첫 번째 나무와 세 번째 나무가 마주 볼 때

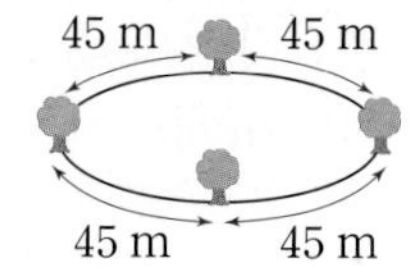

(나무를 심은 간격의 수)$=2\times2=4$(군데)

(나무를 심은 곳의 전체 거리)

$=45\times4=180$ (m)

따라서 첫 번째 나무와 13번째 나무가 마주 볼 때 나무를 심은 간격의 수가

$12\times2=24$(군데)이므로

(나무를 심은 곳의 전체 거리)

$=45\times24=1080$ (m)$=1.08$ (km)

36 거꾸로 풀어 해결하기

규칙에 따라 마지막 값이 4가 되는 경우를 나타내면 다음과 같습니다.

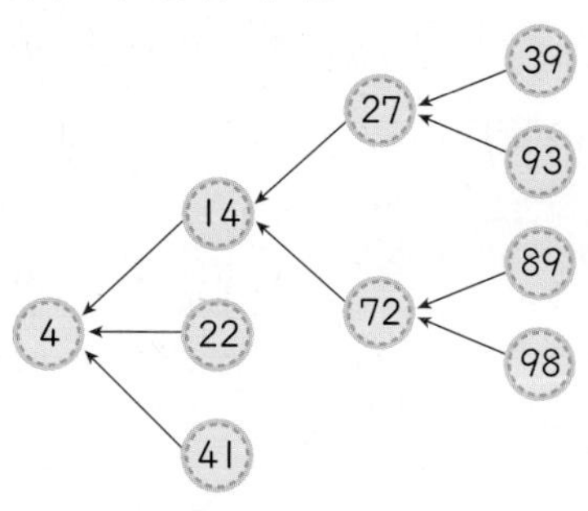

따라서 마지막 값이 4가 되는 두 자리 수는 모두 9개입니다.

37 그림을 그려 해결하기

막대를 연못에 넣었을 때를 그림으로 나타내면 다음과 같습니다.

예

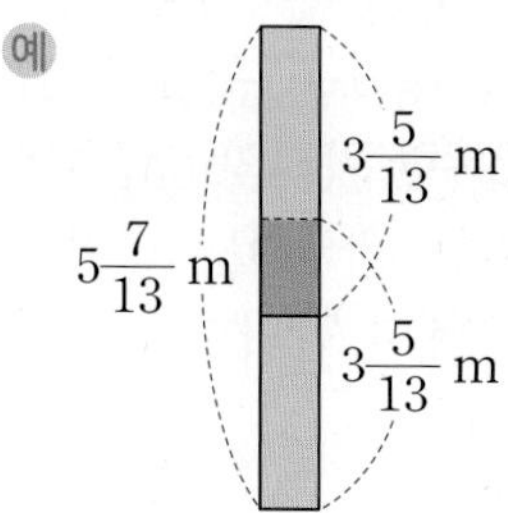

(연못의 깊이)$+$(연못의 깊이)

$=3\frac{5}{13}+3\frac{5}{13}=6\frac{10}{13}$ (m)이므로

(막대 전체의 길이)

$=6\frac{10}{13}-$(두 번 젖은 부분의 길이)

➡ (두 번 젖은 부분의 길이)

$=6\frac{10}{13}-$(막대 전체의 길이)

$=6\frac{10}{13}-5\frac{7}{13}=1\frac{3}{13}$ (m)

38 식을 만들어 해결하기

• 소정:

(㉮~㉰)$+$(㉯~㉱)

$=7.65+6.48=14.13$ (km)

➡ (㉯~㉰)$=14.13-$(㉮~㉱)

$=14.13-9.239=4.891$ (km)

• 동진:

(㉮~㉯)$=$(㉮~㉱)$-$(㉯~㉱)

$=9.239-6.48=2.759$ (km)

• 민주:

(㉰~㉱)$=$(㉯~㉱)$-$(㉯~㉰)

$=6.48-4.891=1.589$ (km)

➡ (㉮~㉯)−(㉰~㉱)

$=2.759-1.589=1.17$ (km)

따라서 그림을 보고 잘못 말한 사람은 민주입니다.

39 식을 만들어 해결하기

9월에 저금한 금액은 9000원이고 12월에 저금한 금액은 12000원입니다.
9월과 12월에 저금한 금액의 차는 $12000-9000=3000$(원)이므로 세로 눈금 한 칸의 크기를 500원으로 하여 다시 그리면 $3000\div500=6$(칸) 차이가 납니다.

40 식을 만들어 해결하기

(가)의 네 변의 길이의 합은

$10\frac{1}{5}+10\frac{1}{5}+10\frac{1}{5}+10\frac{1}{5}+20\frac{4}{5}$
$+10\frac{1}{5}+10\frac{1}{5}+10\frac{1}{5}+10\frac{1}{5}+20\frac{4}{5}$
$=120\frac{16}{5}=123\frac{1}{5}$ (cm)입니다.

(나)의 네 변의 길이의 합은

$10\frac{1}{5}+10\frac{1}{5}+20\frac{4}{5}+20\frac{4}{5}+10\frac{1}{5}$
$+10\frac{1}{5}+20\frac{4}{5}+20\frac{4}{5}=120\frac{20}{5}$
$=124$ (cm)입니다.

따라서 네 변의 길이의 합은 (나)가 (가)보다 $124-123\frac{1}{5}=\frac{4}{5}$ (cm) 더 깁니다.

41~50 124~127쪽

41 50개	**42** 3450	**43** 36개
44 80°	**45** 11개	**46** 30 cm
47 189	**48** 76 cm	**49** $\frac{4}{7}$
50 12쌍		

41 식을 만들어 해결하기

(5일 동안의 아이스크림 판매량)
$=208000\div800=260$(개)

아이스크림 판매량이 월요일은 46개, 화요일은 54개, 수요일은 48개, 목요일은 62개입니다.

➡ (금요일의 아이스크림 판매량)
$=260-46-54-48-62=50$(개)

42 조건을 따져 해결하기

$999\div74=13\cdots37$이므로 세 자리 수를 74로 나눈 몫은 13보다 작거나 같은 수입니다.
몫과 나머지는 같은 수이고, 두 자리 수이므로 두 자리 수인 몫과 나머지가 될 수 있는 수는 10, 11, 12, 13입니다.

• 몫과 나머지가 10일 때:
(어떤 수)$\div74=10\cdots10$
➡ $74\times10=740$, $740+10=750$,
(어떤 수)$=750$

• 몫과 나머지가 11일 때:
(어떤 수)$\div74=11\cdots11$
➡ $74\times11=814$, $814+11=825$,
(어떤 수)$=825$

• 몫과 나머지가 12일 때:
(어떤 수)$\div74=12\cdots12$
➡ $74\times12=888$, $888+12=900$,
(어떤 수)$=900$

• 몫과 나머지가 13일 때:
(어떤 수)$\div74=13\cdots13$
➡ $74\times13=962$, $962+13=975$,
(어떤 수)$=975$

따라서 조건을 만족하는 어떤 수들의 합은 $750+825+900+975=3450$입니다.

43 규칙을 찾아 해결하기

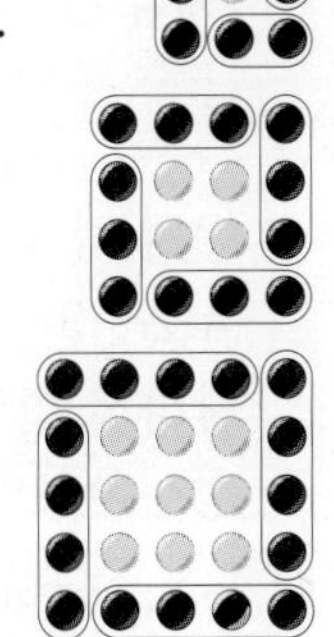

• 흰색 바둑돌이 1개일 때 검은색 바둑돌은 $2\times4=8$(개)입니다.
• 흰색 바둑돌이 $2\times2=4$(개)일 때 검은색 바둑돌은 $3\times4=12$(개)입니다.
• 흰색 바둑돌이 $3\times3=9$(개)일 때 검은색 바둑돌은 $4\times4=16$(개)입니다.

흰색 바둑돌이 64개라면 $8\times8=64$로 8개씩 8줄 놓여져 있습니다.
따라서 검은색 바둑돌은 $9\times4=36$(개)입니다.

44 조건을 따져 해결하기

평행사변형에서 마주 보는 각의 크기는 같으므로 ㉡$=40°$입니다.

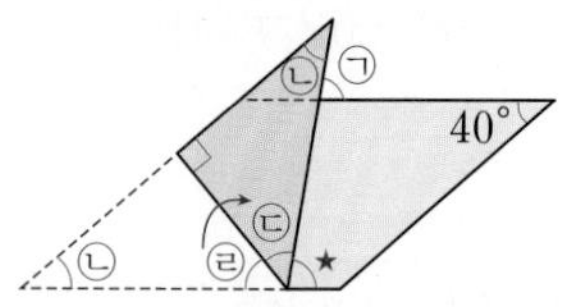

㉡$+90°+$㉢$=180°$이므로

$40°+90°+$㉢$=180°$, $130°+$㉢$=180°$,

㉢$=180°-130°=50°$입니다.

접은 부분과 접힌 부분의 각의 크기는 같으므로

㉢$=$㉣$=50°$입니다.

따라서 평행한 두 직선이 한 직선과 만날 때 생기는 같은 위치에 있는 각의 크기는 같으므로

㉠$=$★$=180°-50°-50°=80°$

45 규칙을 찾아 해결하기

정오각형의 수(개)	1	2	3	4	……
성냥개비의 수(개)	5	9	13	17	……

처음 정오각형을 만드는 데 성냥개비가 5개 필요하고 정오각형을 한 개 더 만들 때마다 성냥개비가 4개씩 더 필요하므로 정오각형 □개를 만들 때 필요한 성냥개비의 수는

$(5+\underbrace{4+\cdots\cdots+4}_{(□-1)번})$개입니다.

$45-5=40$이고 $4\times10=40$이므로

$5+\underbrace{4+\cdots\cdots+4}_{10번}=45$입니다.

따라서 성냥개비 45개로 정오각형을

$10+1=11$(개)까지 만들 수 있습니다.

46 단순화하여 해결하기

(정사각형의 대각선의 수)$=2$개

(정오각형의 대각선의 수)$=2+3=5$(개)

(정육각형의 대각선의 수)$=2+3+4=9$(개)

⋮

(정십각형의 대각선의 수)

$=2+3+4+5+6+7+8=35$(개)

따라서 설명하는 다각형은 정십각형이고,

정십각형의 둘레는 $10\times3=30$ (cm)입니다.

다른 전략 식을 만들어 해결하기

꼭짓점의 개수를 □개라고 하면 대각선의 수는 35개이므로

$(□-3)\times□\div2=35$, $(□-3)\times□=70$

$10-7=3$, $7\times10=70$이므로 □$=10$

따라서 설명하는 다각형은 정십각형이고,

정십각형의 둘레는 $10\times3=30$ (cm)입니다.

47 규칙을 찾아 해결하기

9개의 수를 더했을 때의 규칙을 찾아봅니다.

$10+11+12+18+19+20+26+27+28$

$=171$ ➡ $171\div9=19$

9개의 수의 합을 9로 나누면 가운데 수가 되는 규칙입니다.

$1782\div9=198$이므로 9개의 수 중 가운데 수는 198입니다.

따라서 9개의 수는 오른쪽과 같으므로 가장 작은 수는 189입니다.

189	190	191
197	198	199
205	206	207

48 조건을 따져 해결하기

평행사변형의 마주 보는 두 변의 길이는 같으므로 (변 ㄴㄷ의 길이)$=16$ cm입니다.

평행사변형의 네 변의 길이의 합은 54 cm이므로

(변 ㄷㄹ의 길이)$+$(변 ㄴㅁ의 길이)

$=54-16-16=22$ (cm),

(변 ㄷㄹ의 길이)$=$(변 ㄴㅁ의 길이)

$=22\div2=11$ (cm)

사각형 ㄱㄴㅁㅂ은 마름모이므로

(변 ㄱㄴ의 길이)$=$(변 ㅁㅂ의 길이)

$=$(변 ㄱㅂ의 길이)$=$(변 ㄴㅁ의 길이)$=11$ cm

따라서 굵은 선의 길이는

$11+16+11+16+11+11=76$ (cm)입니다.

49 규칙을 찾아 해결하기

늘어놓은 분수는 분모가 1, 2, 3, 4……로 커지고 분자는 1부터 분모와 같은 수까지 차례로 커지는 규칙입니다.

분모가 1인 분수는 1개, 2인 분수는 2개, 3인 분수는 3개……가 놓입니다.

따라서 $1+2+3+4+5+6=21$이므로

22째에 알맞은 분수는 $\frac{1}{7}$이고, 25째에 알맞은 분수는 $\frac{4}{7}$입니다.

50 그림을 그려 해결하기

평행선을 표시하면 다음과 같습니다.

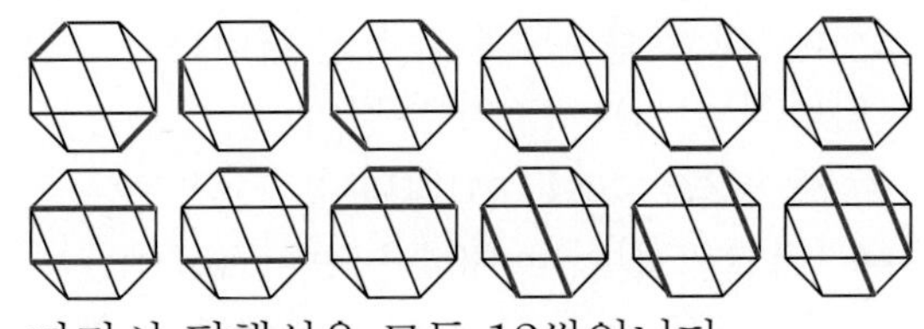

따라서 평행선은 모두 12쌍입니다.

51~60 128~131쪽

51 5 m **52** 28 cm **53** 59°
54 ㉮: 6, ㉯: 4, ㉰: 9 **55** 1599
56 5 **57** 110° **58** 16초
59 651×92=59892, 269×15=4035
60 마름모

51 식을 만들어 해결하기

(어진이의 키)+(지유의 키)=$3\frac{2}{7}$ m,
(지유의 키)+(경수의 키)=$3\frac{4}{7}$ m,
(어진이의 키)+(경수의 키)=$3\frac{1}{7}$ m이므로
(어진이의 키)+(어진이의 키)+(지유의 키)
+(지유의 키)+(경수의 키)+(경수의 키)
$=3\frac{2}{7}+3\frac{4}{7}+3\frac{1}{7}=10$ (m)
➡ (어진이의 키)+(지유의 키)+(경수의 키)
=10÷2=5 (m)

52 그림을 그려 해결하기

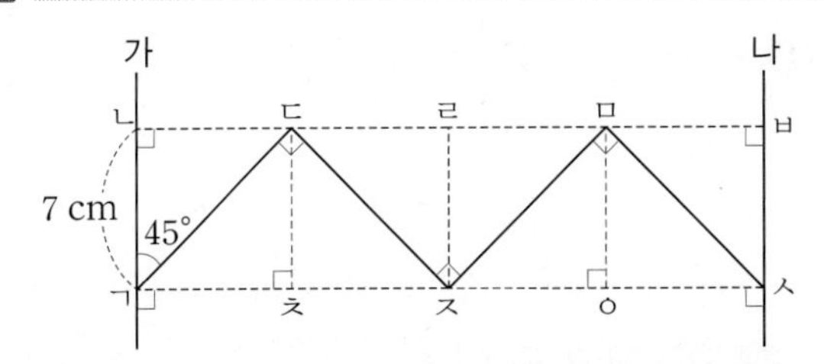

선분 ㄴㅂ이 직선 가와 나 사이의 수선이므로 선분 ㄴㅂ의 길이가 직선 가와 나 사이의 거리입니다.
삼각형 ㄱㄴㄷ에서
(각 ㄱㄷㄴ의 크기)=180°−90°−45°=45°
이므로 삼각형 ㄱㄴㄷ은 이등변삼각형입니다.
같은 이유로 삼각형 ㄷㄹㅈ, 삼각형 ㅈㄹㅁ, 삼각형 ㅁㅂㅅ도 모두 이등변삼각형입니다.
(선분 ㄱㄴ의 길이)=(선분 ㄹㅈ의 길이)
=(선분 ㅂㅅ의 길이)=7 cm이므로
(선분 ㄴㄷ의 길이)=(선분 ㄷㄹ의 길이)
=(선분 ㄹㅁ의 길이)=(선분 ㅁㅂ의 길이)
=7 cm
➡ (직선 가와 나 사이의 거리)
=(선분 ㄴㅂ의 길이)=7×4=28 (cm)

53 조건을 따져 해결하기

정오각형의 한 각의 크기는 108°이므로
(각 ㅅㄷㄹ의 크기)=108°입니다.
삼각형 ㅇㄷㄹ에서
(각 ㄹㅇㄷ의 크기)=180°−108°−13°=59°,
(각 ㄱㅇㄷ의 크기)=180°−59°=121°입니다.
사각형 ㄱㄴㄷㅇ에서
(각 ㄴㄱㅇ의 크기)
=360°−90°−90°−121°=59°입니다.

54 예상과 확인으로 해결하기

㉰×㉰의 일의 자리 숫자가 1이므로 ㉰가 될 수 있는 수는 1과 9입니다.

- ㉰=1인 경우
  ㉯×1의 일의 자리 숫자가 6이므로 ㉯=6이고, ㉮×1의 일의 자리 숫자가 4이므로 ㉮=4입니다.
  461×461=212521에서 십만의 자리 숫자가 2이므로 조건에 맞지 않습니다.
- ㉰=9인 경우
  ㉯×9의 일의 자리 숫자가 6이므로 ㉯=4이고, ㉮×9의 일의 자리 숫자가 4이므로 ㉮=6입니다.
  649×649=421201에서 십만의 자리 숫자가 4이므로 조건에 맞습니다.

따라서 ㉮=6, ㉯=4, ㉰=9입니다.

55 조건을 따져 해결하기

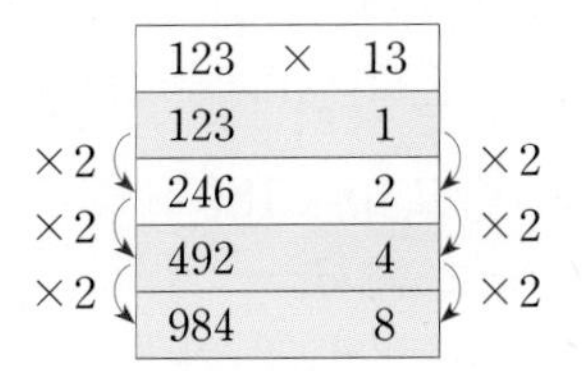

123	×	13
123		1
246		2
492		4
984		8

① 곱하는 수 13을 1부터 2배 한 수의 합으로 나타냅니다.
즉 13=1+4+8로 나타낼 수 있습니다.
② 곱해지는 수 123에 연속해서 2를 곱합니다.
③ 오른쪽의 수가 13의 합을 이루는 수인 경우 같은 줄에 있는 왼쪽의 수를 모두 더하면 123×13의 값이 됩니다.
➡ 123×13=123+492+984=1599

56 예상과 확인으로 해결하기

가장 큰 수를 만들려면 큰 수부터 높은 자리에 차례로 써넣고, 가장 작은 수를 만들려면 작은 수부터 높은 자리에 차례로 써넣으면 됩니다.

- 비어 있는 수가 1이라면 가장 큰 수는 76431이고, 가장 작은 수는 13467이므로 차는 62964입니다. ➡ 예상이 틀렸습니다.
- 비어 있는 수가 2라면 가장 큰 수의 일의 자리 숫자는 2, 가장 작은 수의 일의 자리 숫자는 7이므로 12−7=5로 일의 자리 숫자는 5가 됩니다. ➡ 예상이 틀렸습니다.
- 비어 있는 수가 5라면 가장 큰 수는 76543이고, 가장 작은 수는 34567이므로 차는 41976입니다. ➡ 예상이 맞았습니다.

따라서 비어 있는 수 카드의 수로 알맞은 것은 5입니다.

57 조건을 따져 해결하기

평행사변형에서 마주 보는 두 각의 크기는 같으므로 (각 ㅂㅁㅇ의 크기)=㉠

변 ㄱㄴ과 변 ㄱㄹ의 길이가 같고 사다리꼴 ㄱㄴㄷㄹ의 각 변의 가운데를 연결하였으므로 (변 ㄱㅂ의 길이)=(변 ㄱㅁ의 길이)

즉, 삼각형 ㄱㅂㅁ은 이등변삼각형입니다.

사각형 ㄱㄴㄷㄹ은 사다리꼴이므로 선분 ㄱㄹ과 선분 ㄴㄷ이 서로 평행합니다.

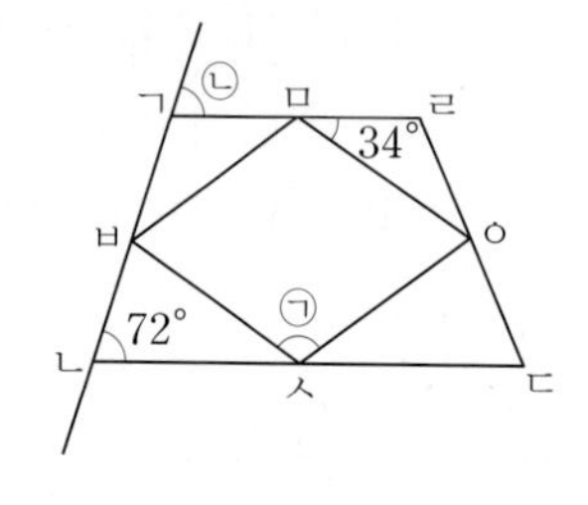

오른쪽 그림과 같이 선분 ㄱㄴ의 연장선을 그리면 평행한 두 직선이 한 직선과 만날 때 생기는 같은 위치에 있는 각의 크기는 같으므로 ㉡=(각 ㅂㄴㅅ의 크기)=72°

직선이 이루는 각의 크기가 180°이므로

(각 ㅂㄱㅁ의 크기)=180°−72°=108°입니다.

삼각형 ㄱㅂㅁ에서

(각 ㄱㅂㅁ의 크기)+(각 ㄱㅁㅂ의 크기)

=180°−108°=72°이므로

(각 ㄱㅂㅁ의 크기)=(각 ㄱㅁㅂ의 크기)

=72°÷2=36°

➡ ㉠=180°−36°−34°=110°

58 식을 만들어 해결하기

길이가 99 m인 기차가 1초에 32 m를 가는 빠르기로 터널에 진입해서 완전히 빠져 나가는 데 27초 걸리므로 움직인 거리는

(터널의 길이)+(기차의 길이)

=32×27=864 (m)입니다.

➡ (터널의 길이)=864−99=765 (m)

길이가 115 m인 기차가 터널에 진입해서 완전히 빠져 나갈 때까지 움직이는 거리는

(터널의 길이)+(기차의 길이)

=765+115=880 (m)입니다.

따라서 길이가 115 m인 기차가 1초에 55 m를 가는 빠르기로 터널을 완전히 빠져 나가는 데 걸리는 시간은 880÷55=16(초)입니다.

59 조건을 따져 해결하기

- ㉠㉡㉢×㉣㉤에서 곱이 가장 크려면 주어진 수 중 가장 큰 두 수인 9와 6은 ㉠과 ㉣에, 5와 2는 ㉡과 ㉤에, 1은 ㉢에 넣으면 됩니다.
  951×62=58962, 921×65=59865,
  651×92=59892, 621×95=58995
  따라서 곱이 가장 큰 경우는
  651×92=59892입니다.
- ㉠㉡㉢×㉣㉤에서 곱이 가장 작으려면 주어진 수 중 가장 작은 두 수인 1과 2는 ㉠과 ㉣에, 5와 6은 ㉡과 ㉤에, 9는 ㉢에 넣으면 됩니다.
  159×26=4134, 169×25=4225,
  259×16=4144, 269×15=4035
  따라서 곱이 가장 작은 경우는
  269×15=4035입니다.

60 규칙을 찾아 해결하기

➡ ㄴㅓㅣㅂㅕㄴㅇㅡㅣ

➡ ㄱㅣㄹㅇㅣㄱㅏ

➡ ㅁㅗㄷㅜㄱㅏㅌㅇㅡㄴ

➡ ㅅㅏㄱㅏㄱㅎㅕㅇㅇㅡㄴ

➡ ㅁㅜㅇㅓㅅㅇㅣㄴㄱㅏ

네 변의 길이가 모두 같은 사각형은 무엇인가

➡ 네 변의 길이가 모두 같은 사각형은 마름모입니다.

경시 대비 평가

1회

2~6쪽

1 2027년 **2** 28개 **3** 50°

4 $2\frac{4}{9}$, $1\frac{3}{9}$ **5** 689000원 **6** 35°

7 45개 **8** 2번 **9**

10 15개

1 2019년에서 2021년까지 2년 동안 매출액은 425억 5000만 원−400억 5000만 원 =25억 (원) 늘어났습니다.
매출액은 매년 같은 금액만큼씩 늘어났으므로 1년에 12억 5000만 원씩 늘어난 것입니다.
12억 5000만 원씩 뛰어 세면 다음과 같습니다.

년도	2021	2022	2023	2024
연 매출액(원)	425억 5000만	438억	450억 5000만	463억
년도	2025	2026	2027	
연 매출액(원)	475억 5000만	488억	500억 5000만	

따라서 연 매출액이 처음으로 500억 원을 넘는 때는 2027년입니다.

2 작은 삼각형 2개짜리: ➡ 6개,
➡ 4개, ➡ 3개

작은 삼각형 4개짜리: ➡ 4개,
➡ 2개, ➡ 3개, ➡ 1개

작은 삼각형 6개짜리: ➡ 2개

작은 삼각형 8개짜리: ➡ 2개

작은 삼각형 12개짜리: ➡ 1개

따라서 크고 작은 평행사변형은 모두 $6+4+3+4+2+3+1+2+2+1=28$(개) 입니다.

3 다음과 같이 평행선 사이에 수선을 그어 사각형 1개와 삼각형 1개를 각각 만듭니다.

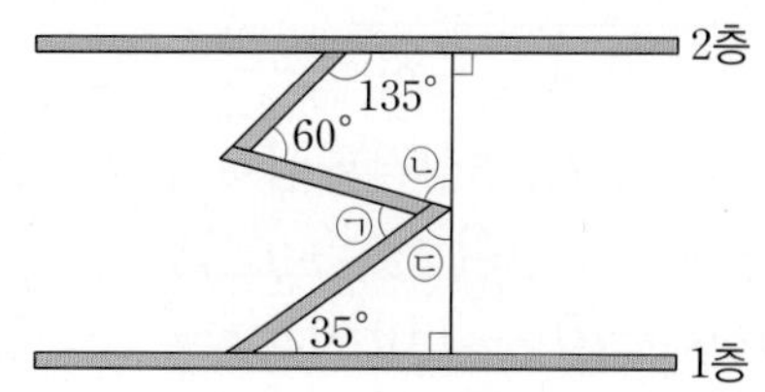

사각형의 네 각의 크기의 합은 360°이므로
$135°+60°+㉡+90°=360°$,
$㉡=360°-135°-60°-90°=75°$이고,
삼각형의 세 각의 크기의 합은 180°이므로
$35°+90°+㉢=180°$,
$㉢=180°-35°-90°=55°$입니다.
따라서 $㉡+㉠+㉢=180°$이므로
$㉠=180°-75°-55°=50°$입니다.

4 분모가 9인 두 대분수를 가분수로 나타내면
$\frac{□}{9}$, $\frac{△}{9}$이고 $\frac{□}{9}>\frac{△}{9}$일 때 식을 만들면
$\frac{□}{9}+\frac{△}{9}=3\frac{7}{9}=\frac{34}{9}$이므로 $□+△=34$,
$\frac{□}{9}-\frac{△}{9}=1\frac{1}{9}=\frac{10}{9}$이므로 $□-△=10$
입니다.
두 식을 더하면
$□+△+□-△=34+10=44$,
$□+□=44$, $□=44÷2=22$이고,
$□+△=34$이므로 $△=34-22=12$입니다.
$\frac{□}{9}=\frac{22}{9}=2\frac{4}{9}$, $\frac{△}{9}=\frac{12}{9}=1\frac{3}{9}$
따라서 두 대분수는 $2\frac{4}{9}$, $1\frac{3}{9}$입니다.

5 (수확한 참외 수)$=38×25=950$(개)
(상처가 나지 않은 참외 수)
$=950-13=937$(개)
$937÷15=62\cdots7$이므로 참외 937개를 한 상자에 15개씩 담으면 62상자가 되고 참외 7개가 남습니다.
(참외 62상자를 판 금액)
$=11000×62=682000$(원)
(남은 참외 7개를 판 금액)
$=1000×7=7000$(원)
따라서 참외를 판 금액은
$682000+7000=689000$(원)입니다.

6 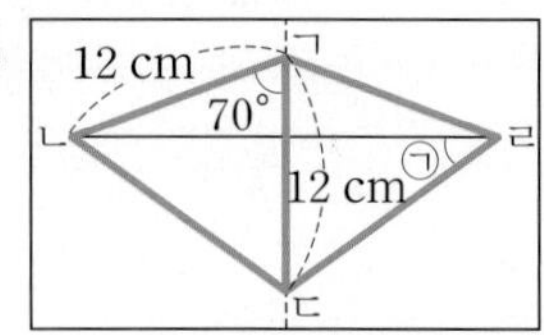

변 ㄱㄴ과 변 ㄱㄷ의 길이가 같으므로 삼각형 ㄱㄴㄷ은 이등변삼각형입니다.
(각 ㄱㄴㄷ)+(각 ㄱㄷㄴ)
$=180^\circ-70^\circ=110^\circ$이므로
(각 ㄱㄴㄷ)=(각 ㄱㄷㄴ)
$=110^\circ\div2=55^\circ$입니다.
(각 ㄱㄹㄷ)=(각 ㄱㄴㄷ)$=55^\circ$
변 ㄱㄴ과 변 ㄱㄹ의 길이가 같으므로 삼각형 ㄱㄴㄹ은 이등변삼각형입니다.
(각 ㄴㄱㄹ)$=70^\circ+70^\circ=140^\circ$이므로
(각 ㄱㄴㄹ)+(각 ㄱㄹㄴ)$=180^\circ-140^\circ=40^\circ$
(각 ㄱㄹㄴ)$=40^\circ\div2=20^\circ$
➡ ㉠$=55^\circ-20^\circ=35^\circ$

7 검은색과 흰색 바둑돌 수와 그 차를 표에 나타내면 다음과 같습니다.

순서	첫째	둘째	셋째	넷째
검은색 바둑돌 수(개)	1	3	6	10
흰색 바둑돌 수(개)	0	1	3	6
(검은색 바둑돌 수) −(흰색 바둑돌 수)(개)	1	2	3	4

검은색 바둑돌이 흰색 바둑돌보다 다섯째에는 5개, 여섯째에는 6개, 일곱째에는 7개, 여덟째에는 8개, 아홉째에는 9개 더 많습니다.
따라서 첫째부터 아홉째까지 놓이는 전체 검은색 바둑돌은 흰색 바둑돌보다
$1+2+3+4+5+6+7+8+9=45$(개) 더 많습니다.

8 1의 눈의 점수의 합: $1\times7=7$(점)
2의 눈의 점수의 합: $2\times3=6$(점)
4의 눈의 점수의 합: $4\times5=20$(점)
6의 눈의 점수의 합: $6\times11=66$(점)
➡ 3의 눈과 5의 눈이 나온 횟수의 합은
$32-7-3-5-11=6$(번),
3의 눈과 5의 눈의 점수의 합은
$125-7-6-20-66=26$(점)입니다.
• 나온 눈의 횟수를 3의 눈이 1번, 5의 눈이 $6-1=5$(번)이라고 예상하면
$3\times1=3$(점), $5\times5=25$(점),
(점수의 합)$=3+25=28$(점)
➡ 예상이 틀렸습니다.
• 나온 눈의 횟수를 3의 눈이 2번, 5의 눈이 $6-2=4$(번)이라고 예상하면
$3\times2=6$(점), $5\times4=20$(점),
(점수의 합)$=6+20=26$(점)
➡ 예상이 맞았습니다.
따라서 주사위의 5의 눈은 3의 눈보다
$4-2=2$(번) 더 많이 나왔습니다.

9 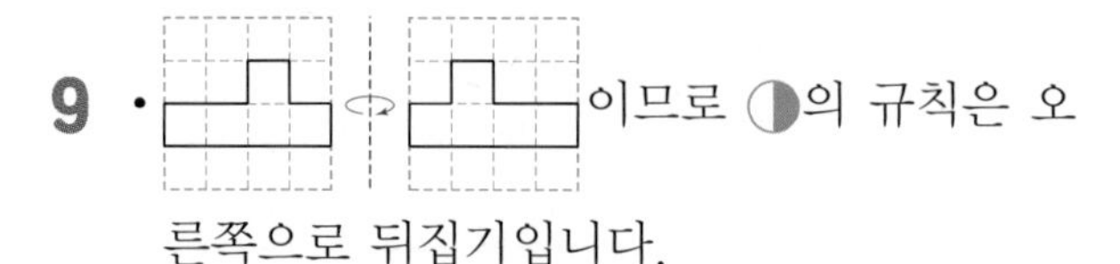
이므로 ◑의 규칙은 오른쪽으로 뒤집기입니다.

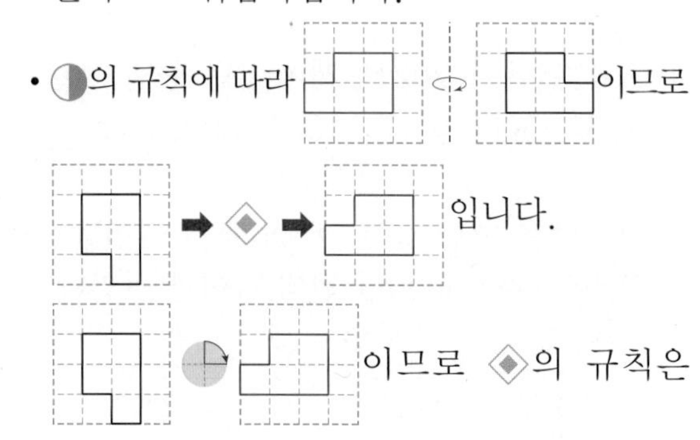
• ◑의 규칙에 따라 이므로 입니다.
이므로 ◈의 규칙은 시계 방향으로 90°만큼 돌리기입니다.

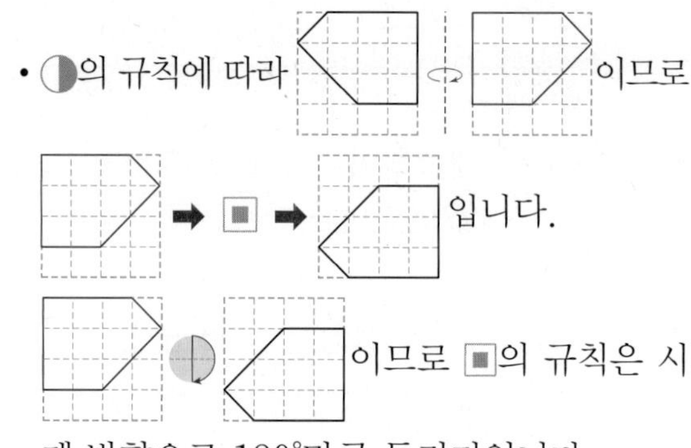
• ◑의 규칙에 따라 이므로 입니다.
이므로 ▣의 규칙은 시계 방향으로 180°만큼 돌리기입니다.

➡ 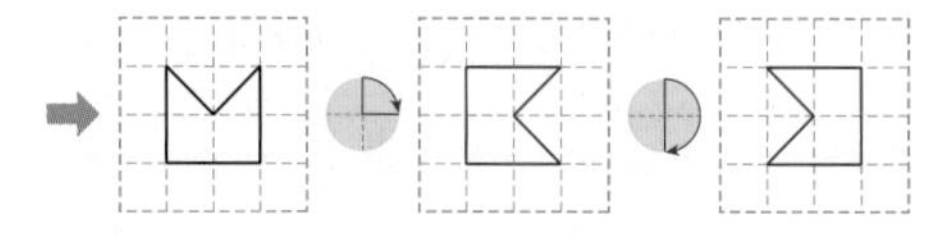

10 사다리꼴 ㄱㄴㄷㄹ에서 오른쪽 그림과 같이 선분 ㄱㄴ과 선분 ㄹㄷ을 연장하여 그려 봅니다.
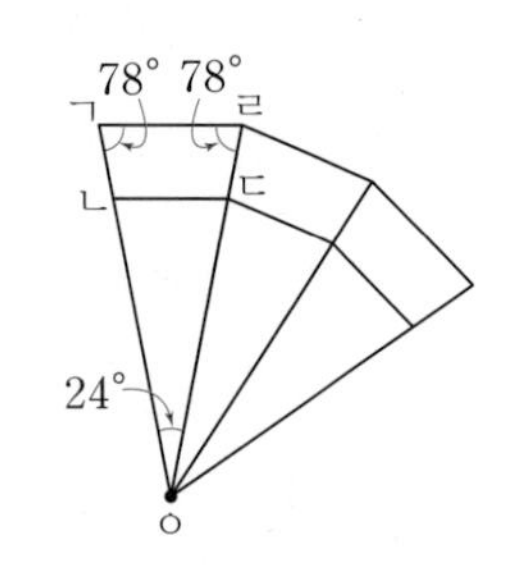

연장하여 만나는 점을 점 ㅇ이라고 하면 삼각형 ㄱㅇㄹ은 이등변삼각형이므로
(각 ㄱㅇㄹ)$=180^\circ-78^\circ-78^\circ=24^\circ$입니다.
따라서 겹치지 않게 이어 붙이면 사다리꼴은
$360^\circ\div24^\circ=15$(개)까지 붙일 수 있습니다.

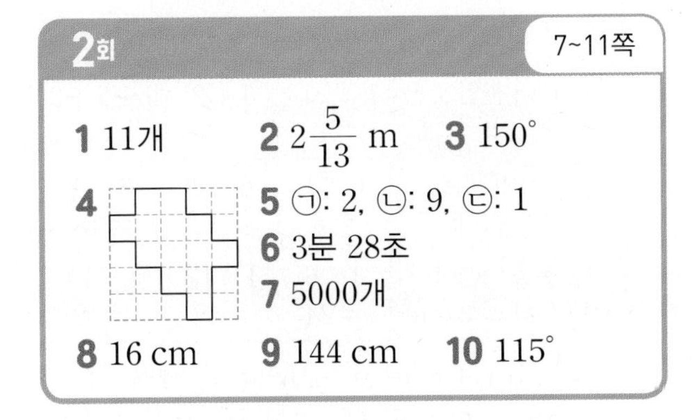

2회 7~11쪽

1 11개 **2** $2\frac{5}{13}$ m **3** 150°

4 (그림) **5** ㉠: 2, ㉡: 9, ㉢: 1

6 3분 28초

7 5000개

8 16 cm **9** 144 cm **10** 115°

1 기계 1대가 한 시간 동안 만들 수 있는 장난감은 $52 \div 13 = 4$(개)입니다.
1시간=60분이므로 기계 1대가 장난감 1개를 만드는 데 걸리는 시간은 $60 \div 4 = 15$(분)입니다.
따라서 기계 1대가 2시간 45분=165분 동안 만들 수 있는 장난감은 $165 \div 15 = 11$(개)입니다.

2 막대를 연못에 넣었을 때를 그림으로 나타내면 다음과 같습니다.

예

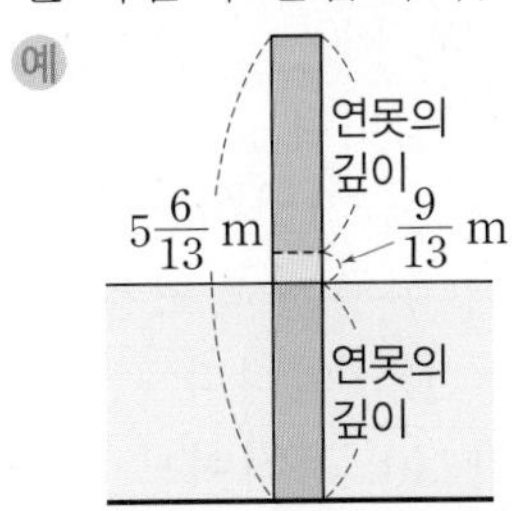

(연못의 깊이)+(연못의 깊이)

$=5\frac{6}{13}-\frac{9}{13}=4\frac{19}{13}-\frac{9}{13}=4\frac{10}{13}$ (m)

따라서 $4\frac{10}{13}=2\frac{5}{13}+2\frac{5}{13}$이므로 연못의 깊이는 $2\frac{5}{13}$ m입니다.

3 삼각형 ㄱㅇㄹ은 정삼각형이므로 세 각의 크기가 모두 60°입니다.

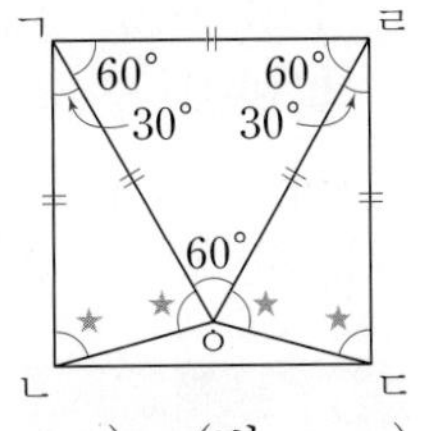

(각 ㄴㄱㅇ)=(각 ㄷㄹㅇ)
$=90°-60°=30°$
(변 ㄱㄴ)=(변 ㄱㅇ)=(변 ㄹㅇ)=(변 ㄹㄷ)이므로 삼각형 ㄱㄴㅇ과 삼각형 ㄹㅇㄷ은 이등변삼각형입니다.
$30°+★+★=180°$이므로
$★+★=180°-30°=150°$,
$★=150° \div 2=75°$,
$★+60°+★+$(각 ㄴㅇㄷ)$=360°$이므로
(각 ㄴㅇㄷ)$=360°-75°-60°-75°=150°$

4 시계 반대 방향으로 90°만큼 2번 돌린 도형은 시계 반대 방향으로 180°만큼 돌린 도형과 같습니다.
시계 반대 방향으로 180°만큼 돌리기 전의 도형은 시계 방향으로 180°만큼 돌린 도형과 같습니다.
왼쪽으로 뒤집기 전의 도형은 오른쪽으로 뒤집은 도형과 같습니다.

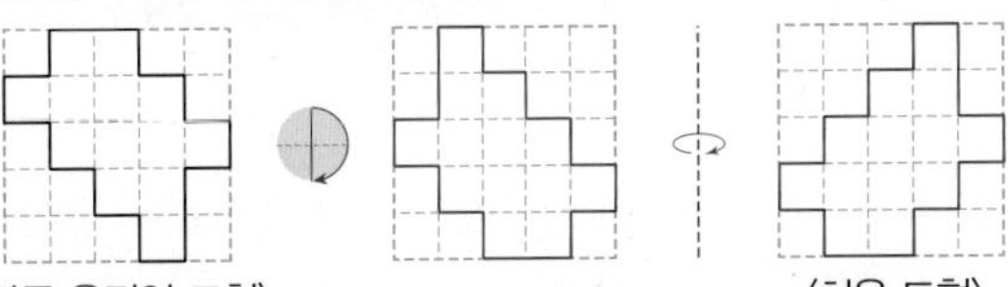

〈잘못 움직인 도형〉 〈처음 도형〉

바르게 움직였을 때의 도형을 그려 봅니다.
시계 방향으로 90°만큼 2번 돌린 도형은 시계 방향으로 180°만큼 돌린 도형과 같습니다.

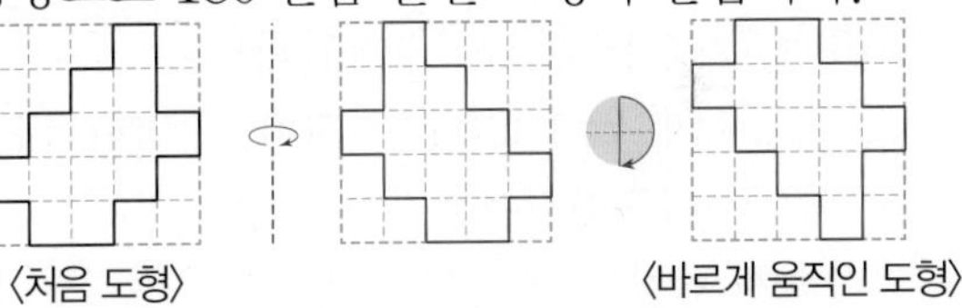

〈처음 도형〉 〈바르게 움직인 도형〉

5 ㉢㉠.㉠㉠㉢에서 십의 자리 숫자 ㉢은 일의 자리 계산에서 받아올림한 수이므로 ㉢=1
소수 셋째 자리 계산에서 ㉠과 ㉡의 합의 일의 자리 숫자는 1이므로 두 수의 합이 11이 되도록 ㉠과 ㉡을 예상하고 확인해 봅니다.

- ㉠=3, ㉡=8이라고 예상하면

$$\begin{array}{r} 3.3\,3\,3 \\ +\ 8.8\,8\,8 \\ \hline 1\,2.2\,2\,1 \end{array}$$ ➡ 예상이 틀렸습니다.

- ㉠=2, ㉡=9라고 예상하면

$$\begin{array}{r} 2.2\,2\,2 \\ +\ 9.9\,9\,9 \\ \hline 1\,2.2\,2\,1 \end{array}$$ ➡ 예상이 맞았습니다.

따라서 ㉠=2, ㉡=9, ㉢=1입니다.

6 로봇이 앞으로 간 거리가 $2+2+2=6$ (m)이므로 앞으로 가는 데 걸리는 시간은 $30 \times 6=180$(초)입니다.
오른쪽 그림과 같이 선분 가나와 선분 나다를 연장하고, 선분 가나와 선분 다라 사이에 수선을 그어 봅니다.

㉠$=90°-40°=50°$
㉠$+$㉡$+90°=180°$이므로
$50°+$㉡$+90°=180°$,
㉡$=180°-90°-50°=40°$
㉢$=$㉣$=180°-40°=140°$
나에서 다로, 다에서 라로 가기 위해 바꾼 방향은 각각 140°이므로 로봇이 방향을 바꾸는 데 걸리는 시간은 $14+14=28$(초)입니다.
따라서 로봇이 가에서 라까지 가는 데 걸리는 시간은 모두 $180+28=208$(초)입니다.
➡ 208초=180초+28초=3분 28초

7 꺾은선그래프에서 3월의 전체 인형 생산량은 13000개입니다.
막대그래프에서 3월의 인형 생산량이 판다 인형은 1500개, 양 인형은 4000개입니다.
3월에 생산한 여우 인형 수를 □개라고 하면 곰 인형 수는 (□+□)개입니다.
$□+□+□=13000-1500-4000=7500$,
$□\times3=7500$, $□=7500\div3=2500$
따라서 3월에 생산한 여우 인형은 2500개이므로 곰 인형은 $2500\times2=5000$(개)입니다.

8 그림과 같이 변 ㄴㄷ에 수직인 선분 ㄱㅁ을 긋고 각 ㄱㅂㄴ의 크기가 60°가 되도록 선분 ㄱㅂ을 긋습니다.

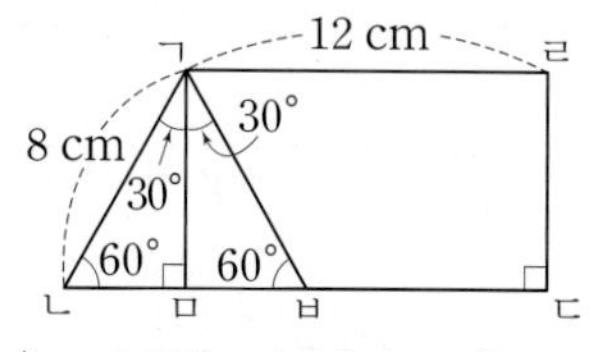

(각 ㄴㄱㅂ)$=180°-60°-60°=60°$
(각 ㄴㄱㅁ)$=180°-60°-90°=30°$
(각 ㅂㄱㅁ)$=60°-30°=30°$
삼각형 ㄱㄴㅂ은 정삼각형이고, 삼각형 ㄱㄴㅁ과 삼각형 ㄱㅂㅁ은 크기와 모양이 같습니다.
(선분 ㄴㅁ)=(선분 ㅂㅁ)$=8\div2=4$ (cm)
(선분 ㅁㄷ)=(변 ㄱㄹ)$=12$ cm이므로
(변 ㄴㄷ)=(선분 ㄴㅁ)+(선분 ㅁㄷ)
$=4+12=16$ (cm)

9 이어 붙인 정육각형의 수와 이어 붙여 만든 도형에서 굵은 선의 길이를 표에 나타내면 다음과 같습니다.

순서	첫째	둘째	셋째
이어 붙인 정육각형의 수(개)	1	$1+2$ $=3$	$1+2+3$ $=6$
4 cm인 굵은 선의 수(개)	6×1 $=6$	6×2 $=12$	6×3 $=18$
만든 도형에서 굵은 선의 길이(cm)	4×6 $=24$	4×12 $=48$	4×18 $=72$

$1+2+3+4+5+6=21$이므로 정육각형을 21개 이어 붙인 도형은 여섯째에 만든 도형이고, 4 cm인 굵은 선이 $6\times6=36$(개)입니다.
따라서 정육각형을 21개 이어 붙인 도형에서 굵은 선의 길이는 $4\times36=144$ (cm)입니다.

10 선화가 바다동물 관람을 시작한 시각은
1시+40분+70분=2시 50분입니다.

〈동물원 입구에 도착한 시각〉 〈바다동물 관람을 시작한 시각〉

시곗바늘이 한 바퀴 돌면 360°이므로 큰 눈금 한 칸은 $360°\div12=30°$입니다.
㉠이 이루는 각도는 큰 눈금 1칸이므로 $30°\times1=30°$이고 ㉡이 이루는 각도는 큰 눈금 4칸이므로 $30°\times4=120°$입니다.
짧은바늘은 1시간 동안 30° 움직이므로 10분 동안 $30°\div6=5°$ 움직입니다.
㉢이 이루는 각도는 짧은바늘이 50분 동안 움직인 각도이므로 $5°\times5=25°$입니다.
동물원 입구에 도착한 시각인 1시일 때 시계의 두 바늘이 이루는 작은 쪽의 각도는 30°입니다.
바다동물 관람을 시작한 시각인 2시 50분일 때 시계의 두 바늘이 이루는 작은 쪽의 각도는 $120°+25°=145°$입니다.
따라서 두 각도의 차는 $145°-30°=115°$입니다.

3회 12~16쪽

1 15057 **2** ㉣ **3** 16분 56초
4 8월: 17200명, 9월: 15800명
5 145° **6** 7, 9 **7** 32 cm
8 희연, 6분 **9** 16 **10** 22 m

1 0<1<2<5<6<8<9이므로 만들 수 있는 가장 작은 다섯 자리 수는 10256이고, 두 번째로 작은 다섯 자리 수는 10258입니다.
만든 다섯 자리 수를 시계 반대 방향으로 180°만큼 돌리면 다음과 같습니다.

10258 → 85201

잘못 계산한 식은
85201+(어떤 수)=90000이므로
(어떤 수)=90000−85201=4799입니다.
➡ (바르게 계산한 값)=10258+4799=15057

2 규칙에 따라 반짝이는 전구를 알아봅니다.
㉠ → ㉡ → ㉢ → ㉣ → ㉧ → ㉪ → ㉩ → ㉦ → ㉤ → ㉠ → ㉡ → ……
➡ 반짝이는 전구가 9번마다 반복되는 규칙이 있습니다.
400÷9=44⋯4이므로 400째에 반짝이는 전구는 4째에 반짝이는 전구와 같습니다.
따라서 400째에 반짝이는 전구는 ㉣입니다.

3 지원이의 시계는 4일 동안
$2\frac{5}{6}+2\frac{5}{6}+2\frac{5}{6}+2\frac{5}{6}=8\frac{20}{6}=11\frac{2}{6}$(분) 늦어집니다.
60초의 $\frac{1}{6}$은 10초이므로 60초의 $\frac{2}{6}$는
10×2=20(초)입니다.
➡ $11\frac{2}{6}$분=11분 20초
(지원이의 시계가 3월 5일 오후 4시에 가리키는 시각)=4시−11분 20초=3시 48분 40초
종신이의 시계는 4일 동안
$1\frac{2}{5}+1\frac{2}{5}+1\frac{2}{5}+1\frac{2}{5}=4\frac{8}{5}=5\frac{3}{5}$(분) 빨라집니다.
60초의 $\frac{1}{5}$은 12초이므로 60초의 $\frac{3}{5}$은
12×3=36(초)입니다.
➡ $5\frac{3}{5}$분=5분 36초
(종신이의 시계가 3월 5일 오후 4시에 가리키는 시각)=4시+5분 36초=4시 5분 36초
따라서 두 시계가 가리키는 시각의 차는
4시 5분 36초−3시 48분 40초=16분 56초 입니다.

4 막대그래프에서 세로 눈금 한 칸은
4000÷5=800(명)을 나타내므로 나 워터파크의 7월 입장객은 16800명입니다.
꺾은선그래프에서 세로 눈금 한 칸은
1000÷5=200(명)을 나타냅니다.
나 워터파크의 8월 입장객 수를 □명이라고 할 때 월별 입장객 수를 표에 나타내면 다음과 같습니다.

월	5	6	7	8	9	합계
입장객 수(명)	14600	13200	16800	□	□−1400	77600

나 워터파크의 5월부터 9월까지 전체 입장객은 77600명이므로
14600+13200+16800+□+□−1400=77600, 43200+□+□=77600,
□+□=77600−43200=34400,
□=34400÷2=17200
따라서 나 워터파크의 8월 입장객은 17200명이고, 9월 입장객은
17200−1400=15800(명)입니다.

5 오른쪽 그림과 같이 선분 ㄱㄴ에 평행한 직선 가, 나, 다를 그어 봅니다.

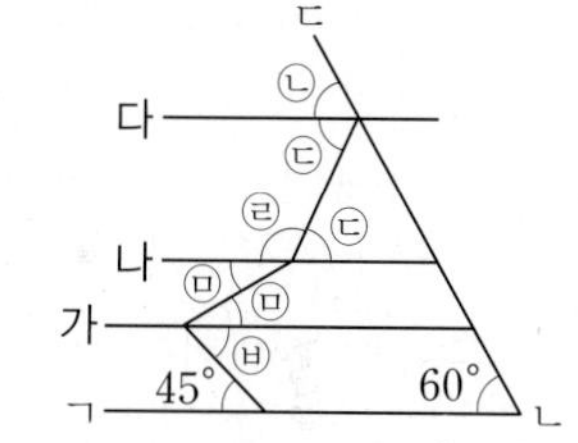

㉡=60°
㉢=125°−㉡
=125°−60°=65°
㉣=180°−㉢=180°−65°=115°
㉥=45°
㉤=75°−㉥=75°−45°=30°
➡ ㉠=㉣+㉤=115°+30°=145°

6 • ☆이 3보다 작은 수라고 예상하면 가장 작은 소수 세 자리 수는 ☆.368, 두 번째로 작은 소수 세 자리 수는 ☆.386입니다.
☆.386−☆.368=0.018
➡ 예상이 틀렸습니다.
• ☆이 3보다 크고 6보다 작은 수라고 예상하면 가장 작은 소수 세 자리 수는 3.☆68, 두 번째로 작은 소수 세 자리 수는 3.☆86입니다.
3.☆86−3.☆68=0.018
➡ 예상이 틀렸습니다.
• ☆이 6보다 크고 8보다 작은 수라고 예상

하면 ☆은 7이므로 가장 작은 소수 세 자리 수는 3.678, 두 번째로 작은 소수 세 자리 수는 3.687입니다.
$3.687-3.678=0.009$
➡ 예상이 맞았습니다.

- ☆이 8보다 큰 수라고 예상하면 ☆은 9이므로 가장 작은 소수 세 자리 수는 3.689, 두 번째로 작은 소수 세 자리 수는 3.698입니다.
$3.698-3.689=0.009$
➡ 예상이 맞았습니다.

따라서 ☆에 알맞은 수는 7, 9입니다.

7 합이 20이고 차가 4인 두 수는 8과 12이므로 마름모의 두 대각선은 각각 8 cm, 12 cm입니다.
마름모의 두 대각선을 따라 잘랐을 때 생기는 4개의 직각삼각형을 겹치지 않게 이어 붙여서 네 변의 길이의 합이 가장 긴 직사각형을 만들면 다음 그림과 같습니다.

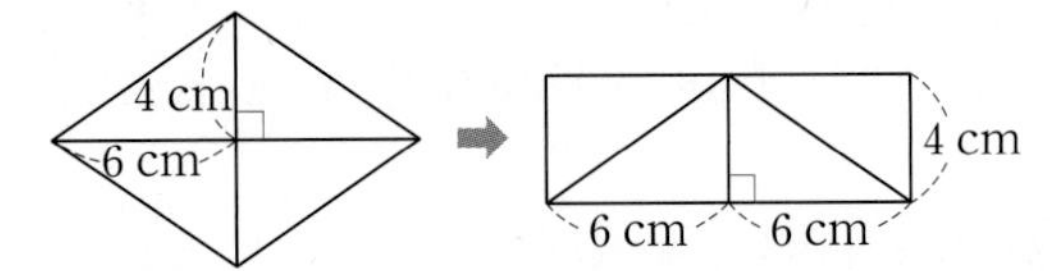

따라서 만든 직사각형의 네 변의 길이의 합은 $6+6+4+6+6+4=32$ (cm)입니다.

8 운동장 6바퀴의 거리는 $400\times6=2400$ (m), 7바퀴의 거리는 $400\times7=2800$ (m)입니다.
진수가 1분에 160 m를 가는 빠르기로 운동장 6바퀴를 도는 데 걸린 시간은
$2400\div160=15$(분)입니다.
진수는 운동장을 6바퀴 돌 때 4분씩 5번을 쉬므로 모두 $4\times5=20$(분) 쉽니다.
진수가 운동장을 6바퀴 도는 데 걸린 시간은 모두 $15+20=35$(분)입니다.
희연이가 1분에 140 m를 가는 빠르기로 운동장 7바퀴를 도는 데 걸린 시간은
$2800\div140=20$(분)입니다.
$2800\div700=4$이므로 희연이는 운동장 7바퀴를 돌 때 3분씩 $4-1=3$(번)을 쉬므로 모두 $3\times3=9$(분) 쉽니다.
희연이가 운동장을 7바퀴 도는 데 걸린 시간은 모두 $20+9=29$(분)입니다.
따라서 희연이가 진수보다 달리기를
$35-29=6$(분) 더 먼저 끝냈습니다.

9 ★●♥×■=★●♥에서 ■=1입니다.
♥×♥의 일의 자리 숫자가 ♥이므로 ♥는 1, 5, 6 중 하나인데 ■=1이므로 ♥=5 또는 ♥=6입니다.

- ♥=5라고 예상하면 ★●5×5=1▲15를 만족하는 ●가 없습니다.
- ♥=6이라고 예상하면 ★●6×6=1▲16에서 ●×6의 일의 자리 숫자는 8이어야 하므로 ●=3 또는 ●=8입니다.
  ① ●=3이면 ★36×6=1▲16에서 ★=2, ▲=4입니다. ➡ ♣=7
  ② ●=8이면 ★86×6=1▲16에서 ★=1, ▲=1 또는 ★=2, ▲=7입니다.
  ★=1, ▲=1은 다른 모양은 다른 수를 나타낸다는 조건에 맞지 않습니다.
  ★=2, ▲=7은 ■+♥=1+6=7, ▲+●=7+8=15이므로 ♣의 조건에 맞지 않습니다.

따라서 ★=2, ●=3, ♥=6, ■=1, ▲=4, ♣=7이므로
●+♥+♣=3+6+7=16입니다.

10 철사를 40 cm씩 조각 내어 보면 오른쪽과 같습니다.

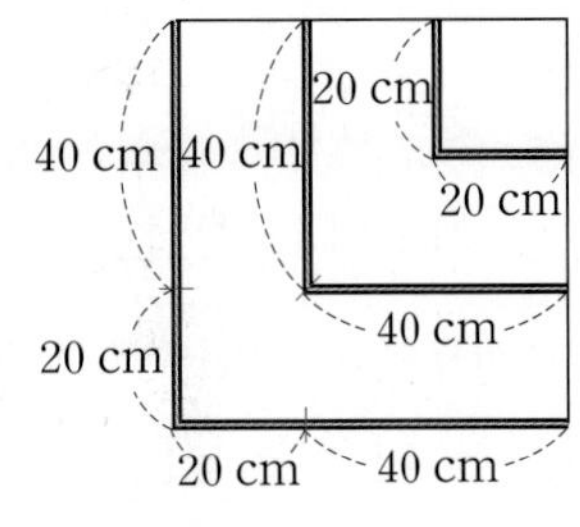

ㄴ자 모양의 철사의 수, 40 cm짜리 철사의 수, 철사의 길이의 합을 표에 나타내면 다음과 같습니다.

ㄴ자 모양의 철사의 수(개)	1	2	3
40 cm인 철사의 수(개)	1	$1+2=3$	$1+2+3=6$
철사의 길이의 합(cm)	$40\times1=40$	$40\times3=120$	$40\times6=240$

ㄴ자 모양의 철사가 □개이면 40 cm짜리 철사는 (1+2+……+□)개입니다.
ㄴ자 모양의 철사가 10개이면 40 cm짜리 철사는
$1+2+3+4+5+6+7+8+9+10=55$(개)
이므로 철사의 길이는 모두
$40\times55=2200$ (cm)=22 (m)입니다.
따라서 ㄴ자 모양의 철사를 10개 놓았을 때 놓인 철사의 길이의 합은 모두 22 m입니다.

문제 해결의 길잡이 심화

수학 4학년

www.mirae-n.com

학습하다가 이해되지 않는 부분이나 정오표 등의
궁금한 사항이 있나요?
미래엔 홈페이지에서 해결해 드립니다.

교재 내용 문의
나의 교재 문의 | 수학 과외쌤 | 자주하는 질문 | 기타 문의

교재 자료 및 정답
동영상 강의 | 쌍둥이 문제 | 정답과 해설 | 정오표

초등학교

학년 반 이름

초등학교에서 탄탄하게 닦아 놓은
공부력이 중·고등 학습의 실력을 가릅니다.

하루한장 쏙셈

쏙셈 시작편
초등학교 입학 전 연산 시작하기
[2책] 수 세기, 셈하기

쏙셈
교과서에 따른 수·연산·도형·측정까지 계산력 향상하기
[12책] 1~6학년 학기별

쏙셈+플러스
문장제 문제부터 창의·사고력 문제까지 수학 역량 키우기
[12책] 1~6학년 학기별

쏙셈 분수·소수
3~6학년 분수·소수의 개념과 연산 원리를 집중 훈련하기
[분수 2책, 소수 2책] 3~6학년 학년군별

하루한장 한국사

큰별★쌤 최태성의 한국사
최태성 선생님의 재미있는 강의와 시각 자료로
역사의 흐름과 사건을 이해하기
[3책] 3~6학년 시대별

하루한장 한자

그림 연상 한자로 교과서 어휘를 익히고 급수 시험까지 대비하기
[4책] 1~2학년 학기별

하루한장 급수 한자

하루한장 한자 학습법으로 한자 급수 시험 완벽하게 대비하기
[3책] 8급, 7급, 6급

하루한장 ENGLISH BITE

ENGLISH BITE 알파벳 쓰기
알파벳을 보고 듣고 따라쓰며 읽기·쓰기 한 번에 끝내기
[1책]

ENGLISH BITE 파닉스
자음과 모음 결합 과정의 발음 규칙 학습으로
영어 단어 읽기 완성
[2책] 자음과 모음, 이중자음과 이중모음

ENGLISH BITE 사이트 워드
192개 사이트 워드 학습으로 리딩 자신감 키우기
[2책] 단계별

ENGLISH BITE 영문법
문법 개념 확인 영상과 함께 영문법 기초 실력 다지기
[Starter 2책, Basic 2책] 3~6학년 단계별

ENGLISH BITE 영단어
초등 영어 교육과정의 학년별 필수 영단어를
다양한 활동으로 익히기
[4책] 3~6학년 단계별

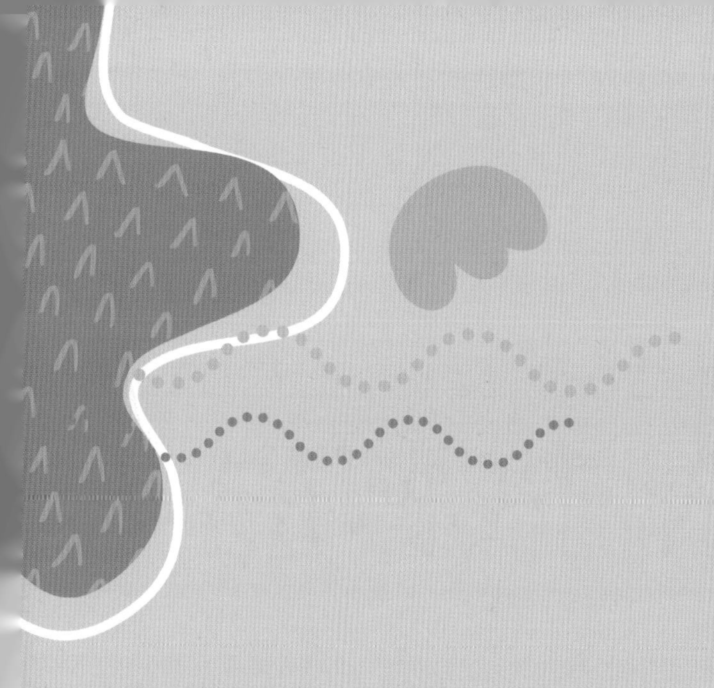

문제
해결의
길잡이

심화

도전 3 경시 대비 평가

최고 수준 문제로 교내외 경시 대회 도전하기

수학 4학년

Mirae N 에듀

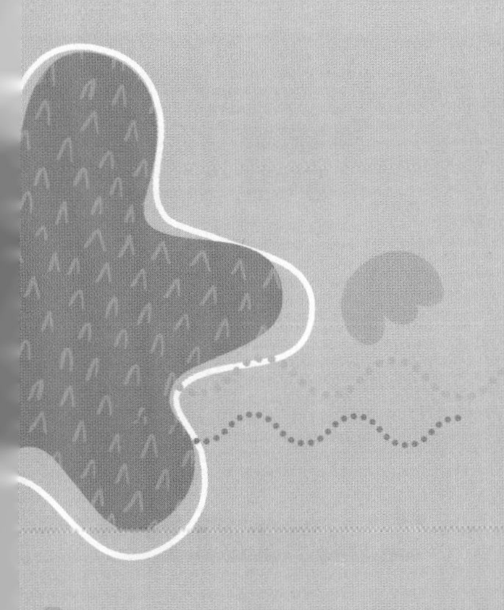

도전 3 경시 대비 평가

최고 수준 문제로 교내외 경시 대회 도전하기

나의 공부 계획

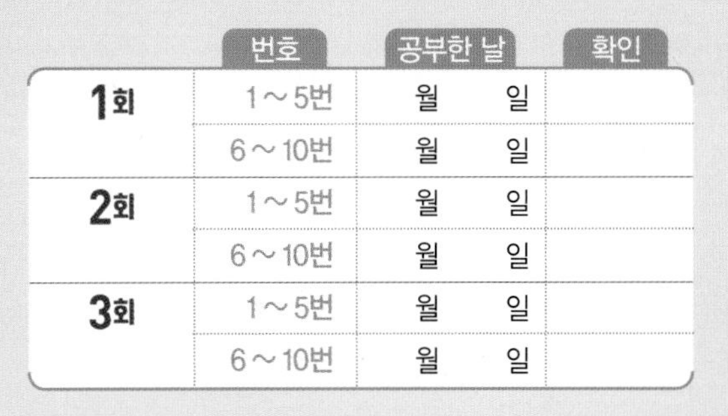

	번호	공부한 날	확인
1회	1 ~ 5번	월 일	
	6 ~ 10번	월 일	
2회	1 ~ 5번	월 일	
	6 ~ 10번	월 일	
3회	1 ~ 5번	월 일	
	6 ~ 10번	월 일	

경시 대비 평가 1회

1 어느 회사의 2019년 매출액은 400억 5000만 원이고 2021년 매출액은 425억 5000만 원이라고 합니다. 이 회사의 매출액이 해마다 같은 금액만큼씩 늘어난다면 연 매출액이 처음으로 500억 원을 넘는 때는 몇 년입니까?

2 다음 그림에서 찾을 수 있는 크고 작은 평행사변형은 모두 몇 개인지 구하시오.

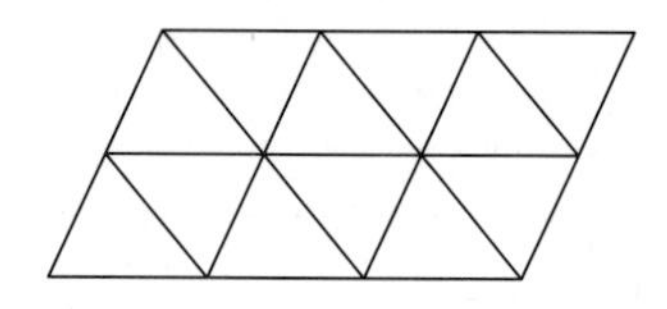

3 어느 건물의 1층과 2층을 연결하는 계단을 다음과 같이 만들려고 합니다. ㉠의 크기를 구하시오. (단, 각 층은 서로 평행하고, 계단의 두께는 생각하지 않습니다.)

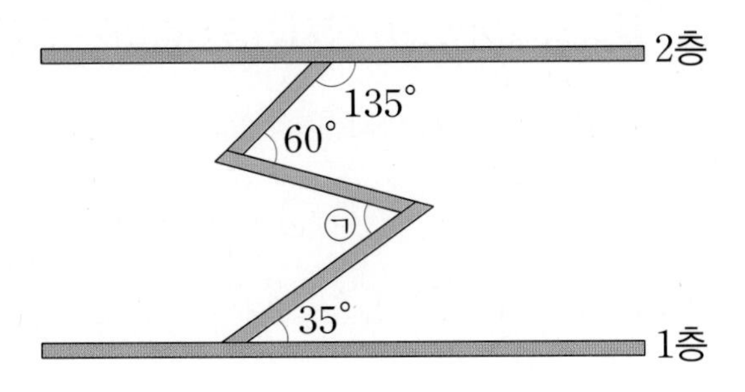

4 분모가 9인 어떤 두 대분수의 합은 $3\frac{7}{9}$이고, 차는 $1\frac{1}{9}$입니다. 두 대분수를 구하시오.

5 참외밭에서 참외를 38개씩 25바구니 수확하였습니다. 그중 상처가 난 참외 13개를 빼고 한 상자에 15개씩 담았습니다. 참외를 한 상자에 11000원씩 팔고, 상자에 담고 남은 참외는 한 개에 1000원씩 받고 모두 팔았다면 참외를 판 금액은 얼마입니까? (단, 상처가 난 참외는 팔지 않습니다.)

6 하영이는 미술 시간에 데칼코마니를 하였습니다. 도화지에 삼각형을 그리고 점선을 따라 접었더니 다음과 같은 모양이 생겼다고 할 때 ㉠의 각도를 구하시오.

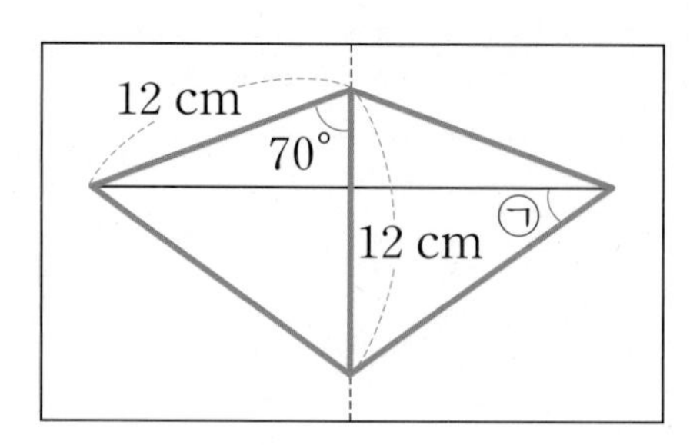

7 바둑돌의 배열을 보고 첫째부터 아홉째까지 놓이는 검은색 바둑돌은 흰색 바둑돌보다 몇 개 더 많은지 구하시오.

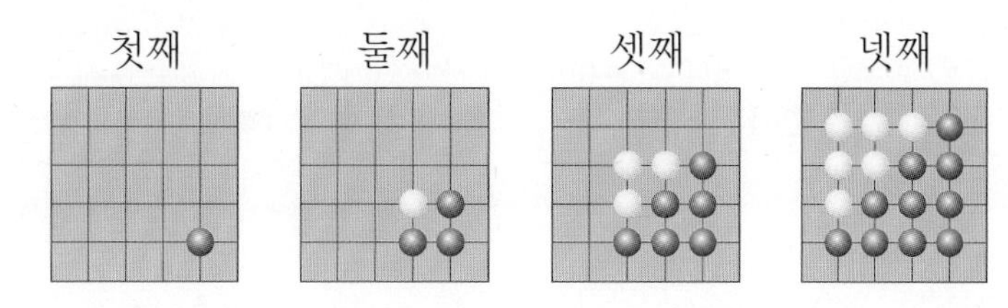

8 지빈이는 친구와 주사위를 굴려 나온 눈의 수만큼 점수를 얻는 놀이를 하고 있습니다. 다음은 지빈이가 주사위를 32번 굴려 나온 눈의 수별 횟수를 조사하여 나타낸 막대그래프입니다. 지빈이의 점수가 모두 125점이라면 주사위의 5의 눈은 3의 눈보다 몇 번 더 많이 나왔는지 구하시오.

눈의 수별 횟수

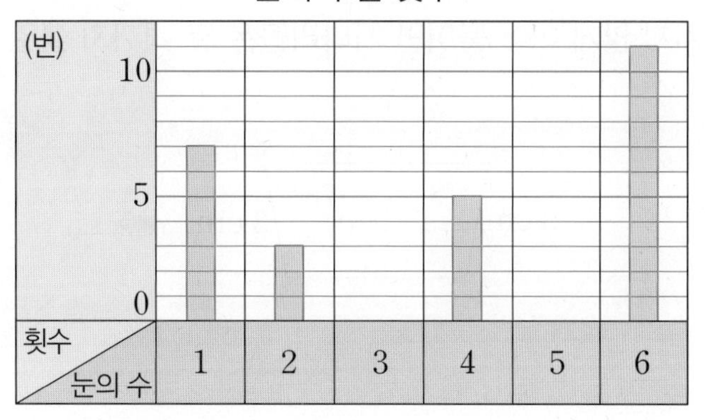

9 주어진 도형을 ◑, ◈, ▣의 규칙에 따라 뒤집기 또는 돌리기 하였습니다. 조건을 보고 □ 안에 알맞은 도형을 그려 보시오.

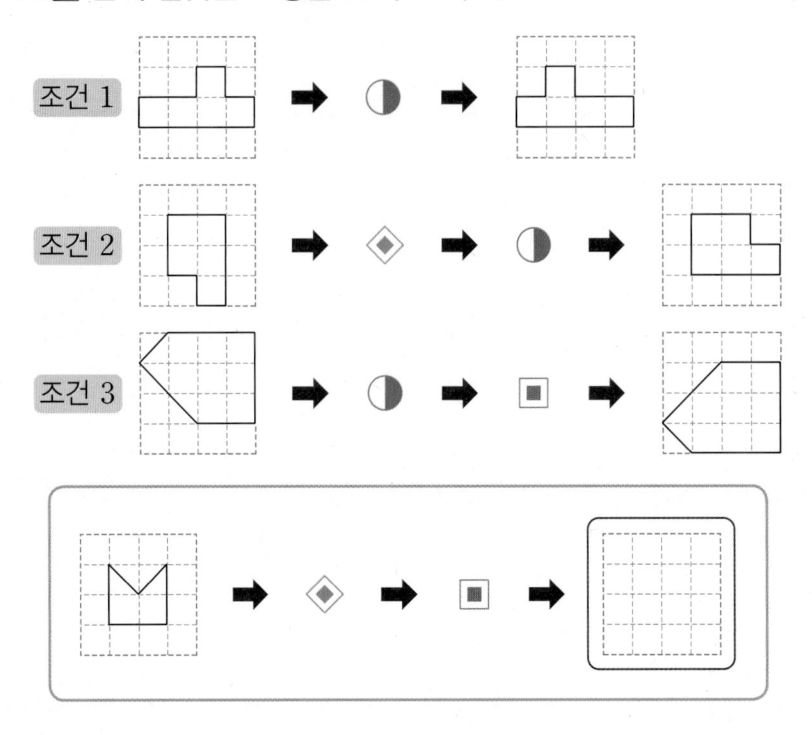

10 사다리꼴 ㄱㄴㄷㄹ을 그림과 같이 길이가 같은 변끼리 이어 붙이려고 합니다. 겹치지 않게 이어 붙이면 사다리꼴은 몇 개까지 붙일 수 있는지 구하시오.

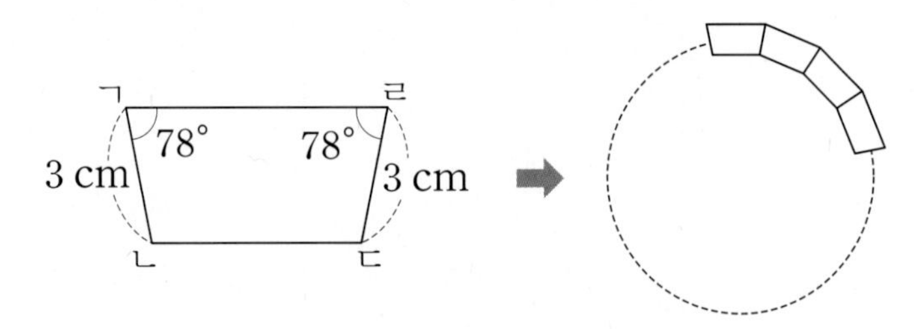

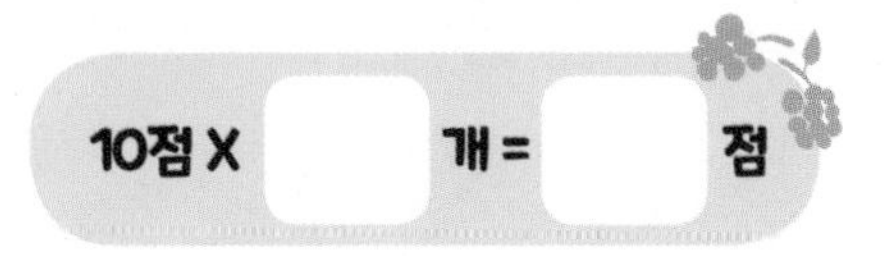

경시 대비 평가 2회

문제풀이 동영상

1 어느 공장에서 기계 13대가 한 시간 동안 52개의 장난감을 만들 수 있습니다. 기계 1대가 2시간 45분 동안에 만들 수 있는 장난감은 몇 개인지 구하시오. (단, 기계의 성능은 모두 같습니다.)

2 길이가 $5\frac{6}{13}$ m인 막대로 연못의 깊이를 재려고 합니다. 막대를 연못 바닥에 수직으로 넣었다가 꺼내고 다시 거꾸로 넣었다가 꺼내어 보니 물에 젖지 않은 부분의 길이가 $\frac{9}{13}$ m였습니다. 연못의 깊이는 몇 m인지 구하시오.

3 오른쪽 도형에서 사각형 ㄱㄴㄷㄹ은 정사각형이고 삼각형 ㄱㅇㄹ은 정삼각형입니다. 각 ㄴㅇㄷ의 크기를 구하시오.

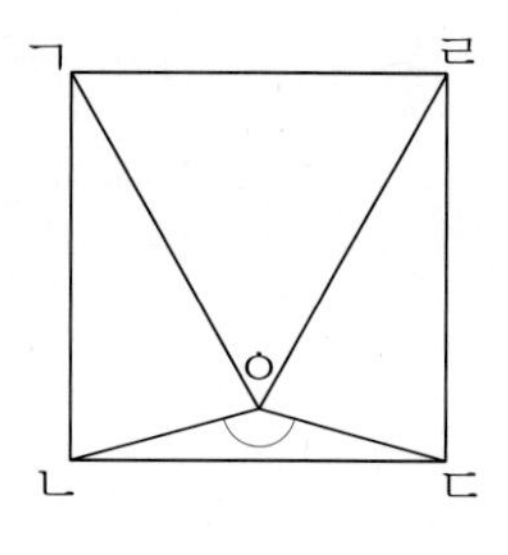

4 다음은 어떤 도형을 오른쪽으로 뒤집고 시계 방향으로 90°만큼 2번 돌렸을 때의 도형을 그리려다 잘못하여 왼쪽으로 뒤집고 시계 반대 방향으로 90°만큼 2번 돌렸을 때의 도형을 그린 것입니다. 바르게 움직였을 때의 도형을 그려 보시오.

잘못 움직인 도형

바르게 움직인 도형

5 ㉠, ㉡, ㉢에 알맞은 수를 각각 구하시오.

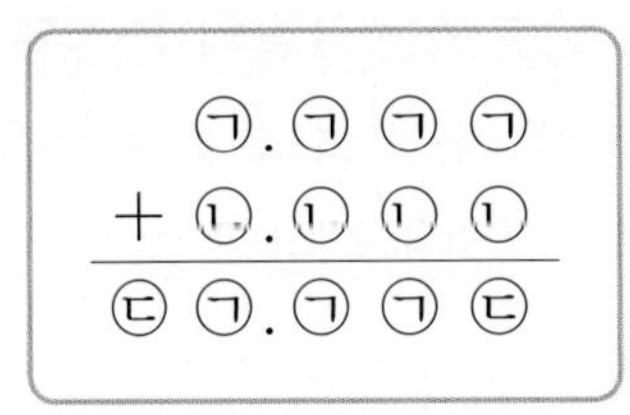

6 로봇이 가에서 라까지 일정한 빠르기로 선분을 따라 가려고 합니다. 로봇이 1 m 앞으로 가는 데 30초가 걸리고, 방향을 10° 바꾸는 데 1초가 걸린다고 합니다. 로봇이 가에서 라까지 가는 데 걸리는 시간은 모두 몇 분 몇 초인지 구하시오. (단, 선분 가나와 선분 다라는 평행합니다.)

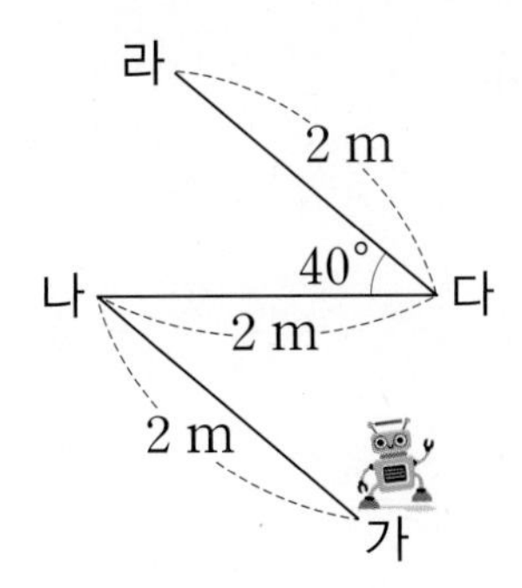

7 인형을 만드는 공장이 있습니다. 왼쪽은 월별 전체 인형 생산량을 나타낸 꺾은선그래프이고, 오른쪽은 3월의 종류별 인형 생산량을 나타낸 막대그래프입니다. 3월에 생산한 곰 인형의 수는 여우 인형의 수의 2배입니다. 이 공장에서 3월에 생산한 곰 인형은 모두 몇 개인지 구하시오.

월별 전체 인형 생산량

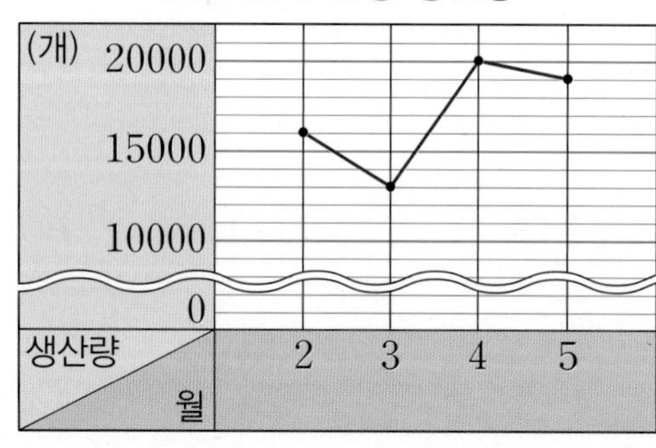

3월의 종류별 인형 생산량

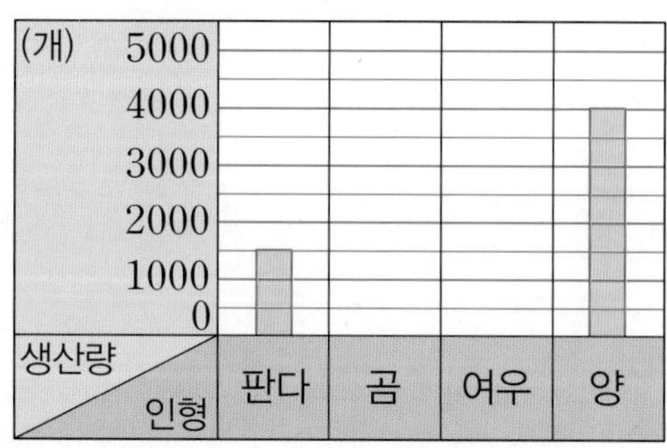

8 사다리꼴 ㄱㄴㄷㄹ에서 변 ㄴㄷ의 길이를 구하시오.

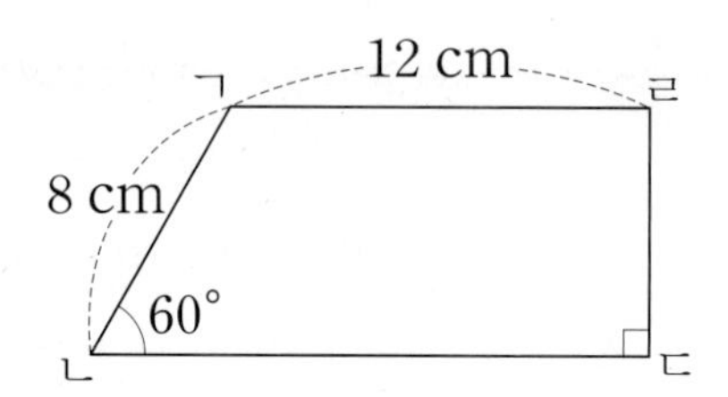

9 한 변이 4 cm인 정육각형을 규칙에 따라 겹치지 않게 차례로 이어 도형을 만들고 있습니다. 정육각형을 21개 이어 붙인 도형에서 굵은 선의 길이는 몇 cm인지 구하시오.

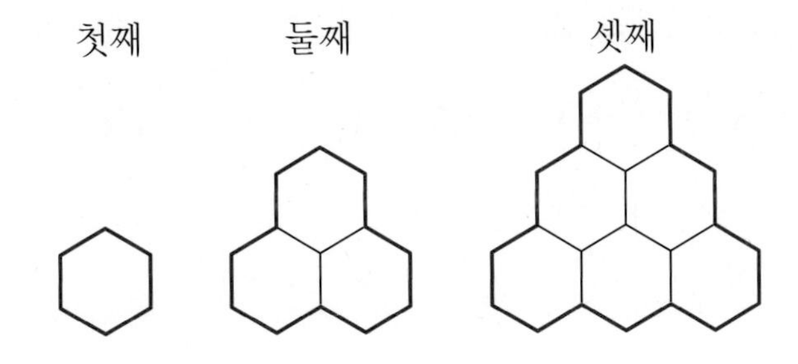

10 선화는 주말에 가족들과 함께 동물원에 갔습니다. 동물원 입구에 도착했을 때 시계를 보니 1시였습니다. 40분 동안 점심 식사를 한 후 70분 동안 사파리를 관람했습니다. 사파리 관람을 끝내고 바다동물 관람을 시작했습니다. 선화가 동물원 입구에 도착한 시각과 바다동물 관람을 시작한 시각에 각각 긴바늘과 짧은바늘이 이루는 작은 쪽의 각도의 차를 구하시오.

10점 X ( ) 개 = ( ) 점

경시 대비 평가 3회

1 다음 수 카드 중 5장을 골라 이어 붙여 두 번째로 작은 다섯 자리 수를 만들었습니다. 이 수에 어떤 수를 더해야 할 것을 잘못하여 만든 다섯 자리 수를 시계 반대 방향으로 180°만큼 돌렸을 때 생긴 수에 어떤 수를 더했더니 90000이 되었습니다. 바르게 계산한 값을 구하시오.

2 다음 보기에 따라 반짝이는 전구 판이 있습니다. 첫째에는 ㉠이, 둘째에는 ㉡이, 셋째에는 ㉢이 차례로 반짝일 때 400째에 반짝이는 전구를 찾아 기호를 쓰시오.

보기
- 첫째 전구 ㉠부터 반짝입니다.
- 전구 판의 칸에 적힌 수만큼 화살표 방향으로 이동한 칸의 전구가 반짝입니다.

㉠ 1→	㉡ 2↘	㉢ 2↙	㉣ 1↓
㉤ 1↑	㉥ 1↖	㉦ 2←	㉧ 1↙
㉨ 2→	㉩ 1↗	㉪ 1←	㉫ 2↑

3 지원이의 시계는 하루에 $2\frac{5}{6}$분씩 늦어지고, 종신이의 시계는 하루에 $1\frac{2}{5}$분씩 빨라집니다. 두 시계를 3월 1일 오후 4시에 정확히 맞추어 놓았다면 같은 달 5일 오후 4시에 두 시계가 가리키는 시각의 차는 몇 분 몇 초인지 구하시오.

4 지난해 가, 나, 다 워터파크의 7월 입장객 수를 조사하여 나타낸 막대그래프와 나 워터파크의 5월부터 9월까지 입장객 수를 조사하여 나타낸 꺾은선그래프입니다. 나 워터파크의 5월부터 9월까지 전체 입장객은 77600명이고 9월 입장객은 8월보다 1400명 줄었습니다. 나 워터파크의 8월과 9월 입장객은 각각 몇 명인지 구하시오.

워터파크별 7월 입장객 수

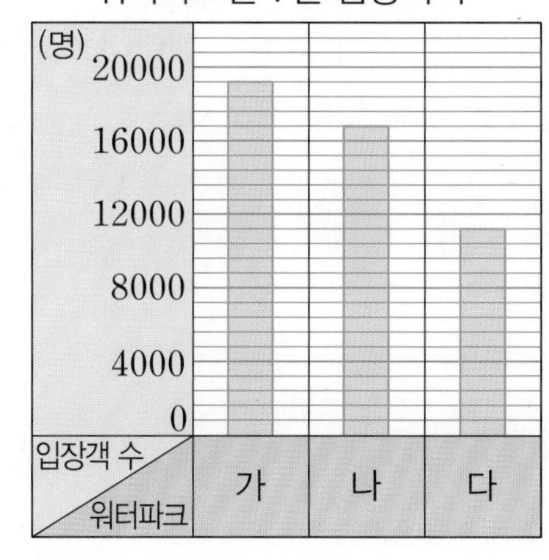

나 워터파크의 월별 입장객 수

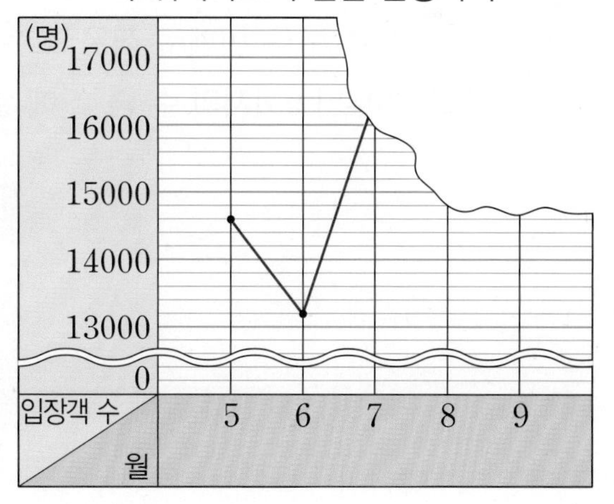

5 다음 도형에서 ㉠의 각도를 구하시오.

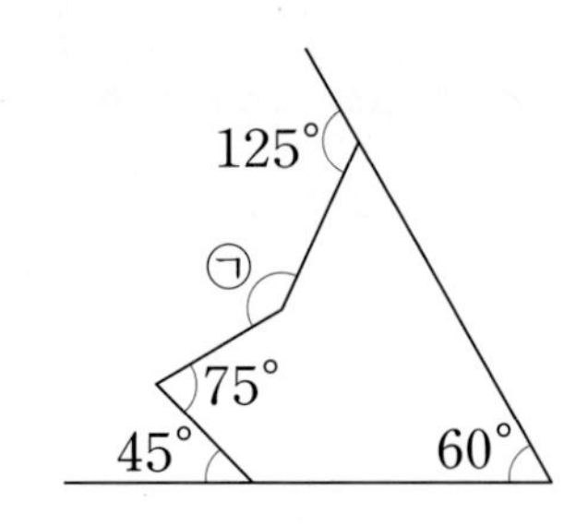

6 서로 다른 5장의 카드를 한 번씩만 사용하여 만들 수 있는 가장 작은 소수 세 자리 수와 두 번째로 작은 소수 세 자리 수의 차를 구했더니 0.009이었습니다. 0부터 9까지의 수 중 ☆에 알맞은 수를 모두 구하시오.

.

7 두 대각선의 길이의 합이 20 cm, 차가 4 cm인 마름모가 있습니다. 마름모의 두 대각선을 따라 잘랐을 때 생기는 4개의 직각삼각형을 겹치지 않게 이어 붙여서 직사각형을 만들려고 합니다. 네 변의 길이의 합이 가장 긴 직사각형을 만든다면 이 직사각형의 네 변의 길이의 합은 몇 cm인지 구하시오.

8 진수와 희연이는 마라톤 대회에 출전하기 위해 한 바퀴의 거리가 400 m인 운동장에서 달리기 연습을 했습니다. 진수는 1분에 160 m를 가는 빠르기로 운동장을 돌면서 한 바퀴 돌 때마다 4분씩 쉽니다. 희연이는 1분에 140 m를 가는 빠르기로 운동장을 돌면서 700 m를 달릴 때마다 3분씩 쉽니다. 두 사람이 동시에 달리기 시작하여 진수는 6바퀴, 희연이는 7바퀴 돌았다면 누가 달리기를 몇 분 더 먼저 끝내는지 구하시오.

9 오른쪽 계산식에서 ★, ●, ♥, ■, ♣은 0부터 9까지의 수를 나타냅니다. 같은 모양은 같은 수, 다른 모양은 다른 수를 나타낼 때 ● + ♥ + ♣의 값을 구하시오.

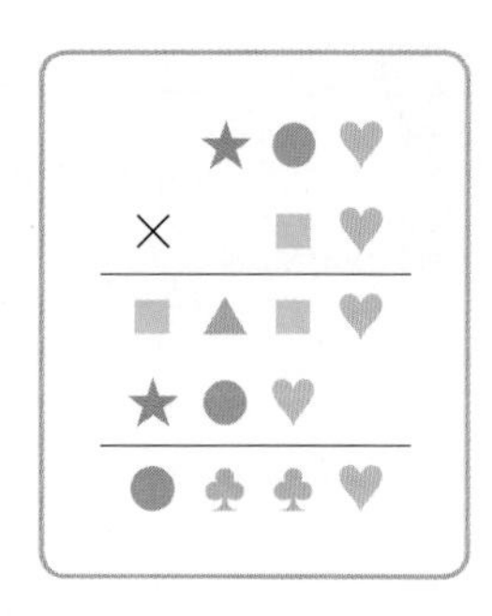

10 오른쪽 그림과 같이 크기가 다른 ㄴ자 모양의 철사를 20 cm 간격으로 놓고 있습니다. 같은 방법으로 ㄴ자 모양의 철사를 10개 놓았을 때 놓인 철사의 길이의 합은 모두 몇 m인지 구하시오. (단, 철사의 두께는 생각하지 않습니다.)

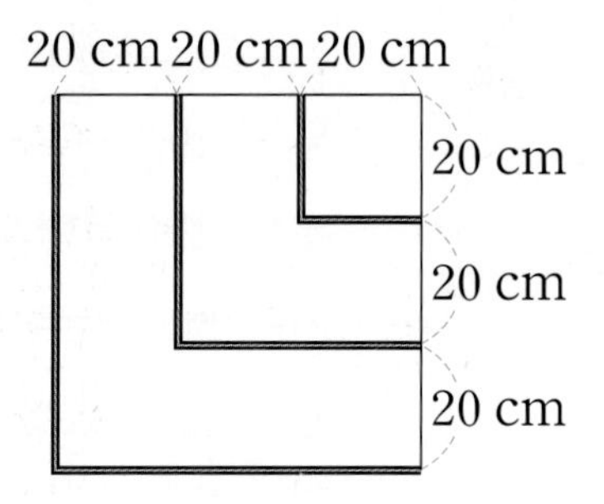

10점 X 개 = 점

도전3 경시 대비 평가